Thomas Nagel
Zahnriemengetriebe

Bleiben Sie einfach auf dem Laufenden:
www.hanser.de/newsletter
Sofort anmelden und Monat für Monat
die neuesten Infos und Updates erhalten.

Thomas Nagel

Zahnriemengetriebe

Eigenschaften, Normung, Berechnung, Gestaltung

HANSER

Der Autor:
Dr.-Ing. Thomas Nagel ist Privatdozent für »Feinwerktechnische Konstruktionen« an der TU Dresden, leitet seit vielen Jahren die Forschungsgruppe Zahnriemengetriebe und ist Organisator der jährlich stattfindenden Tagung Zahnriemengetriebe.
Weitere Informationen zur Thematik: www.zahnriemengetriebe.de

Bibliografische Information Der Deutschen Bibliothek:
Die Deutsche Bibliothek verzeichnet diese Publikation in der Deutschen Nationalbibliografie; detaillierte bibliografische Daten sind im Internet über <http://dnb.ddb.de> abrufbar.

ISBN 978-3-446-41380-1

Die Wiedergabe von Gebrauchsnamen, Handelsnamen, Warenbezeichnungen usw. in diesem Werk berechtigt auch ohne besondere Kennzeichnung nicht zu der Annahme, dass solche Namen im Sinne der Warenzeichen- und Markenschutzgesetzgebung als frei zu betrachten wären und daher von jedermann benutzt werden dürften.

Alle in diesem Buch enthaltenen Verfahren bzw. Daten wurden nach bestem Wissen dargestellt. Dennoch sind Fehler nicht ganz auszuschließen.

Aus diesem Grund sind die in diesem Buch enthaltenen Darstellungen und Daten mit keiner Verpflichtung oder Garantie irgendeiner Art verbunden. Autoren und Verlag übernehmen infolgedessen keine Verantwortung und werden keine daraus folgende oder sonstige Haftung übernehmen, die auf irgendeine Art aus der Benutzung dieser Darstellungen oder Daten oder Teilen davon entsteht.

Dieses Werk ist urheberrechtlich geschützt.

Alle Rechte, auch die der Übersetzung, des Nachdruckes und der Vervielfältigung des Buches oder Teilen daraus, vorbehalten. Kein Teil des Werkes darf ohne schriftliche Einwilligung des Verlages in irgendeiner Form (Fotokopie, Mikrofilm oder einem anderen Verfahren), auch nicht für Zwecke der Unterrichtsgestaltung – mit Ausnahme der in den §§ 53, 54 URG genannten Sonderfälle –, reproduziert oder unter Verwendung elektronischer Systeme verarbeitet, vervielfältigt oder verbreitet werden.

© 2008 Carl Hanser Verlag München Wien
www.hanser.de
Lektorat: Dipl.-Ing. Volker Herzberg
Herstellung: Der Buchmacher, Arthur Lenner, München
Coverconcept: Marc Müller-Bremer, Rebranding, München, Germany
Titelillustration: Atelier Frank Wohlgemuth, Bremen
Umschlaggestaltung: MCP • Susanne Kraus GbR, Holzkirchen
Druck und Bindung: Druckhaus »Thomas Müntzer« GmbH, Bad Langensalza
Printed in Germany

Vorwort

Zahnriemengetriebe haben seit der Erfindung im Jahre 1946 dank ihrer vorteilhaften Eigenschaften sowie der umfangreichen Palette von Abmessungen eine große Verbreitung gefunden. Die kontinuierliche Weiterentwicklung der verwendeten Verzahnungsgeometrien, der eingesetzten Werkstoffe und der benutzten Fertigungsverfahren führte zu erheblichen Leistungssteigerungen und verbessertem Betriebsverhalten dieser Getriebe. Innovative Ideen zur Getriebegestaltung schaffen darüber hinaus Möglichkeiten für den vielfältigen Einsatz. Die rasche Zunahme neuer Produkte der Zahnriementechnik sowie der enorme Ausbau der Fertigungskapazitäten in den letzten Jahren zeigt, dass die Entwicklung noch lange nicht abgeschlossen ist.

Das Buch richtet sich an Entwicklungs-, Konstruktions- und Applikationsingenieure sowie Lehrer und Studenten an Universitäten, Hoch- und Fachhochschulen der Fachgebiete Maschinenbau, Mechatronik und Gerätetechnik. Es beinhaltet neben dem Aufbau, den Eigenschaften und Anwendungen, Fragen der Normung, die Berechnung und Gestaltung der Getriebe sowie Informationen zum Betriebsverhalten, wie Übertragungs-, Verschleiß- und Geräuschverhalten sowie Wirkungsgrad. Damit dient es sowohl als Studienliteratur als auch als Nachschlagwerk sowie Wissensspeicher.

Insbesondere möchte ich mich bei meinem hochverehrten Lehrer Herrn Prof.Dr.-Ing.habil.Dr.hc. Werner Krause für die langjährige fachliche und konstruktive Zusammenarbeit herzlich bedanken. Darüber hinaus gebührt dem Direktor des Instituts für Feinwerktechnik und Elektronik-Design der TU Dresden Herrn Prof. Dr.-Ing.habil. Jens Lienig Dank für die Unterstützung dieses Vorhabens. Für die Kooperation und Zusammenarbeit danke ich allen, die aktiv am Gelingen dieses Vorhabens beteiligt waren, wobei ich besonders die Beiträge von Herrn Matthias Farrenkopf (Fa. Gates, Aachen), Herrn Walter G. Schneck (Fa. Wilhelm Herm. Müller, Hannover), der Herren Hermann Schulte und Dirk Bartsch-Kuszewski (beide Contitech Antriebssysteme, Hannover), Herrn Peter Kelm (Fa. Schaeffler, Herzogenaurach), Herrn Martin Sopouch (Fa. AVL List, Graz) sowie Herrn Dr. Jürgen Vollbarth (Fa. Breco Antriebstechnik Breher, Porta Westfalica) hervorheben möchte. Meinen jetzigen und ehemaligen Kollegen Sebastian Fraulob, Georg Härting, Matthias Kulke,

Andre Müller, Stefan Richter und Dr. Robert Witt sei an dieser Stelle für die schöpferischen Projektarbeiten auf diesem Themengebiet und die vielfältige Unterstützung gedankt.

Dem Carl Hanser Verlag, insbesondere Herrn Volker Herzberg danke ich für die kollegiale Zusammenarbeit und die Bemühungen zur schnellen Herausgabe des Buches.

Dresden *Thomas Nagel*

Inhaltsverzeichnis

1 Systematik und Terminologie der Zahnriemengetriebe ... 11

2 Historische Entwicklung und Trends ... 17

3 Aufbau, Geometrie und Werkstoffe ... 27
3.1 Aufbau, Eigenschaften und hauptgeometrische Getriebeabmessungen ... 27
3.2 Zahnriemen - Profilgeometrien ... 32
3.3 Zahnscheiben - Profilgeometrien und konstruktive Gestaltung ... 39
3.4 Werkstoffe ... 47
    3.4.1 Riemen-Elastomere ... 47
    3.4.1.1 Gummi-Elastomere ... 49
    3.4.1.2 Polyurethan-Elastomere ... 51
    3.4.2 Zugstrangwerkstoffe ... 52
    3.4.2.1 Glasfasern ... 54
    3.4.2.2 Aramidfasern ... 56
    3.4.2.3 Stahllitzen ... 57
    3.4.3 Beschichtung der Riemenzähne ... 61
    3.4.4 Zahnscheiben ... 61

4 Getriebearten ... 63
4.1 Antriebstechnik ... 63
4.2 Lineartechnik ... 66
4.3 Transporttechnik ... 68
4.4 Spannsysteme ... 72
    4.4.1 Spannrollen ... 72
    4.4.2 Automatische Spannsysteme ... 74
    4.4.3 Dehnungsausgleichende Spannplatte ... 76
    4.4.4 Spannring ... 77
4.5 Sonderkonstruktionen und -getriebe ... 79
    4.5.1 Schrägverzahnung ... 79
    4.5.2 Selbstführende Zahnriemen ... 80

4.5.3	Ungleichmäßig übersetzende Zahnriemengetriebe	80
4.5.3.1	Ovalradtechnik	81
4.5.3.2	Erzeugen von Übersetzungsschwankungen	82
4.5.4	Hochübersetzende Zahnriemengetriebe	84
4.5.5	Zahnriemenschloss	87
4.5.6	Winkelgetriebe	88
4.5.7	Medienführende Zahnriemen	89

5 Tragfähigkeitsberechnung von Zahnriemengetrieben ... 91

5.1	Grundzüge der allgemeingültigen Berechnung	92
5.2	Antriebstechnik (Zweiwellengetriebe)	94
	5.2.1 Parameteraufbereitung	94
	5.2.2 Auswahl des Profils	96
	5.2.3 Grobauslegung	101
	5.2.4 Nachrechnung	104
5.3	Mehrwellengetriebe	110
5.4	Lineartechnik	112
5.5	Transporttechnik	117

6 Vorspannung ... 121

6.1	Aufgabe und Funktion der Vorspannung	121
6.2	Einflussparameter	126
6.3	Größe der Vorspannkraft	129
6.4	Kontrolle der Vorspannung	130

7 Wirkungsmechanismus der Kraftübertragung ... 133

7.1	Wellenkraft	133
7.2	Belastungsverteilung	134
7.3	Federmodelle	137
7.4	Strukturmechanische Simulationsmodelle - FEM	139
7.5	Simulationsmodelle zur Beschreibung dynamischer Vorgänge	148
	7.5.1 Einfache Netzwerkmodelle und Mehrkörpersysteme	148
	7.5.2 Anspruchsvollere Mehrkörpersysteme - MKS	151

8 Verschleißverhalten und Lebensdauer ... 155

8.1	Biegewechselfestigkeit des Zugstranges	155
8.2	Scherfestigkeit der Riemenverzahnung	161
8.3	Abriebfestigkeit der Riemenverzahnung	162

8.4 Verschleißerscheinungen und ihre Ursachen 165

9 Genauigkeit der Bewegungsübertragung 169
9.1 Ursachen von Abweichungen 169
9.2 Messverfahren und Messergebnisse 172
9.3 Genauigkeitskenngrößen 177

10 Geräuschverhalten 179
10.1 Geräuschursachen und Einflussgrößen 179
10.2 Hinweise zum Aufbau geräuscharmer Getriebe 185
10.3 Möglichkeiten der Abschätzung zu erwartender Geräuschpegel 187

11 Wirkungsgrad 191
11.1 Messverfahren 192
11.2 Messergebnisse 193
11.3 Hinweise zum Erreichen geringer Leistungsverluste 195

12 Fertigung 197
12.1 Zahnriemen 197
12.2 Zahnscheiben 202
12.3 Prüfung von Getrieben 204

Anhang 1: Lieferbare Riemenlängen 207

Anhang 2: Hinweise zur Softwarenutzung 215

Zeichen, Benennungen und Einheiten 219

Literaturverzeichnis 225

Sachwortverzeichnis 233

1 Systematik und Terminologie der Zahnriemengetriebe

Zahnriemengetriebe gehören wie die Kettengetriebe und andere Riemengetriebe zur Familie der Zugmittelgetriebe, gelegentlich auch als Umschlingungs- oder Hüllgetriebe bezeichnet (**Bild 1.1**). Da die kraftgepaarten Zugmittelgetriebe die das Drehmoment bestimmende Kraft über Reibschluss zwischen dem Zugmittel (Riemen) und den entsprechend gestalteten Scheiben übertragen, entsteht grundsätzlich Schlupf zwischen Riemen und Scheiben. Es ist hierbei zwischen Dehnschlupf (tritt infolge der unterschiedlichen Dehnungen der angrenzenden Trume immer auf) und Gleitschlupf (bei Überlastung bzw. zu geringer Spannung) zu unterscheiden. Formgepaarte Zugmittelgetriebe besitzen keinen Schlupf, weswegen Zahnriemengetriebe auch als Synchronriemengetriebe bezeichnet werden.

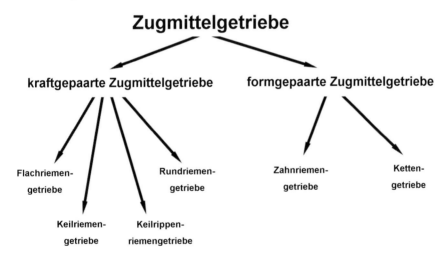

Bild 1.1 Systematik von Zugmittelgetrieben

Bei der Entscheidung für ein bestimmtes Zugmittelgetriebe sollten nicht nur die Anschaffungskosten, sondern auch die für Wartungs- sowie Austauschintervalle oder

Energieverbrauch berücksichtigt werden. Außerdem sind Argumente, wie hoher Wirkungsgrad, kleine Lagerkräfte, teilweise extrem lange Lebensdauer (Zahnriemen der neuesten Generation sind im Kfz als Nockenwellenantrieb über 300.000 km im Einsatz) und wartungsfreier Betrieb, Vorteile, die bei der Betrachtung des gesamten Antriebssystems über einen längeren Zeitraum häufig für den Zahnriemeneinsatz sprechen /A16/, /A17/.

Unterscheiden kann man Zahnriemen hinsichtlich der

- Art des Basis-Elastomers in solche aus Gummi- oder Polyurethan-Mischungen,
- Leistungsfähigkeit in solche mit Hochleistungs- oder klassischem Trapezprofil,
- Normgerechtheit in solche mit genormten und nicht genormten Profilgeometrien,
- Technologie in vulkanisierte, extrudierte oder gegossene Zahnriemen.

Auf Einzelheiten zu den verwendeten Werkstoffen, üblichen Profilen und der Herstellung der Getriebe wird in den nachfolgenden Kapiteln eingegangen.

Obwohl der Begriff „Synchronous belt drives" genormt ist (/N1/, erste Ausgabe 1982; überarbeitet 2001) und für die deutsche Fassung sowie die deutschen Normen die wörtliche Übersetzung „Synchronriemengetriebe" verwendet wird /N7/, konnte sich dieser Begriff im deutschsprachigen Raum bei Produzenten und Anwendern nicht durchsetzen. Dies erscheint plausibel, da bei allen anderen Riemengetrieben der Name aus der Geometrie des Zugmittels abgeleitet ist und so auch hier „Zahnriemen" besser passt. Zudem ist die Synchronität von Getrieben immer relativ, d.h. Zahnriemengetriebe besitzen zwar keinen Schlupf, jedoch führen einige Parameter und Toleranzen zu geringen Übertragungsabweichungen zwischen An- und Abtrieb (s. Kapitel 9). Ebenso gehen sowohl die VDI-Richtlinie 2758 /N2/ als auch Tagungsbeiträge (z.B. /B1/) vom Begriff des Zahnriemengetriebes aus.

Das Zahnriemengetriebe besteht aus einem Zahnriemen und mindestens zwei Zahnscheiben, deren Zahngeometrien (Profil) exakt aufeinander abgestimmt sind (**Bild 1.2**). Das Profil wird häufig mit einem Kürzel versehen (z.B. HTD, STD oder AT), und die Getriebe werden diesbezüglich in verschiedenen Teilungen angeboten (s. Kapitel 3.2). Als Teilung bezeichnet man den Abstand von Zahn zu Zahn. Dieser Parameter dient der Grobauswahl für den Einsatz. Große Werte für die Teilung sind eher für Schwerlastantriebe vorgesehen, kleinere für Anwendungen in der Gerätetechnik.

Der Riemenabschnitt zwischen zwei Scheiben wird als Trum bezeichnet, womit sich weitere Parameter, wie Trumkraft, Trumlänge, Trumschwingung usw. leicht erklären lassen. Da mehrere Zähne auf dem so genannten Umschlingungsbogen gleichzeitig im Eingriff stehen, spricht man von der Eingriffszähnezahl, welche für die Berechnung des Getriebes wesentlich ist (s. Kapitel 5).

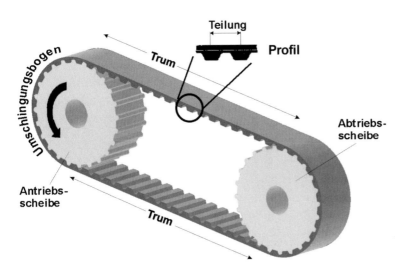

Bild 1.2 Erläuterungen wichtiger Begriffe am einfachen Zweiwellengetriebe

Wie jedes Zugmittelgetriebe muss auch ein Zahnriemengetriebe vorgespannt werden, jedoch sind die benötigten Kräfte aufgrund der formgepaarten Kraftübertragung geringer im Vergleich zu der kraftgepaarten anderer Getriebe. Die entstehenden Kräfte in den beiden Trumen eines Zweiwellengetriebes sind im Vorspannungsfall gleich groß (**Bild 1.3**), und man nennt sie Trumvorspannkraft F_{TV}. Beim Betrieb eines Zahnriemengetriebes jedoch, also bei der Kraftübertragung von der Antriebs- auf die Abtriebsscheibe, entstehen unterschiedliche Kräfte in den Trumen, man spricht dann von der Lasttrumkraft F_{Last} bzw. der Leertrumkraft F_{Leer}. Der ziehende Trum ist der Lasttrum, der eine höhere Kraft als im Vorspannungszustand ertragen muss. Die maximale Größe dieser Lasttrumkraft wird durch die zulässige Zugbelastung des Riemens begrenzt. Im Leertrum verringern sich die Kräfte gegenüber dem Vorspannungszustand entsprechend, wobei eine Mindestkraft im Leertrum stets erhalten bleiben muss, damit der Riemen nicht über die Verzahnung der Abtriebsscheibe springt. Dies erreicht man durch eine ausreichend große Vorspannkraft, die bei der Montage des Riemens aufzubringen ist (s. Kapitel 6).

Kapitel 3.1 enthält die hauptgeometrischen Abmessungen für die Getriebeberechnung, wie Achsabstand und Riemenlänge, in den Kapiteln 3.2 sowie 3.3 sind die Parameter für die genormten Profilgeometrien der Riemen und Scheiben erläutert.

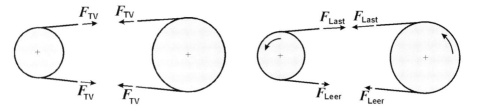

Bild 1.3 Trumkräfte im Vorspannungszustand (links) sowie im Belastungsfall (rechts)

Allgemein haben Zahnriemengetriebe eine Reihe von Vor- und Nachteilen gegenüber anderen Zugmittelgetrieben.

Vorteile:

- Synchrone und schlupffreie Bewegungsübertragung,
- niedrige Wellenbelastung aufgrund geringer Vorspannkräfte,
- hohe Leistungsdichte (damit kleine erforderliche Riemenbreite),
- masse- und geräuscharm im Vergleich zu Kettengetrieben,
- wartungsfrei (kein Schmieren, kein Nachspannen erforderlich),
- hohe Riemengeschwindigkeiten möglich (häufig bis 40 m/s, in Ausnahmefällen bis 80 m/s),
- schwingungsdämpfend bei Drehstößen,
- Wirkungsgrad bis 99% bei Nennlast,
- hygienisch (kein Schmierstoffeinsatz erforderlich),
- relativ kostengünstig.

Nachteile:

- Bedingte Beständigkeit gegenüber Ölen, Fetten, Wasser und anderen Medien bei Standardprodukten je nach Zahnriemenart (s. Tabelle 3.1),
- begrenzte Temperaturverträglichkeit je nach Basiswerkstoff (maximaler Einsatzbereich etwa 150 bis -30°C, genauere Werte s. Tabelle 3.1) insbesondere im Vergleich zu Kettengetrieben,
- anfällig gegenüber Sand oder ähnlich körnigem Material.

Die aufgezeigten Vorteile tragen dazu bei, dass Zahnriemengetriebe zunehmend andere Zugmittelgetriebe verdrängen. Da in Industrieanwendungen Temperaturen über 80 °C oder unter −20 °C eher selten und die Umgebungsbedingungen häufig beeinflussbar sind, begrenzen die bestehenden Nachteile die Einsatzvielfalt nur wenig. Hinzu kommt, dass mit speziellen Werkstoffentwicklungen dazu beigetragen wird, diese Einschränkungen weiter zu verringern. Dies zeigt sich insbesondere bei der Entwicklung von Zahnriemen für den Kfz-Einsatz, bei denen nicht nur begrenzte Einbauverhältnisse, sondern auch hohe Anforderungen bezüglich Temperatur- und chemischer Beständigkeit bei zugleich sehr langer Lebensdauer bestehen.

2 Historische Entwicklung und Trends

Geräuschprobleme in den 40-iger Jahren des 20. Jahrhunderts beim Einsatz eines damals üblichen Klammergurts in Singer-Nähmaschinen zur Synchronisation von Nadel- und Spulenbewegung waren der Auslöser für die Entwicklung von Zahnriemengetrieben in den USA (**Bild 2.1**). Im Jahre 1945 wurde der Zahnriemen mit Trapezprofil als „Synchronriemen" von der damaligen US-amerikanischen Firma Uniroyal, heute Gates, patentiert. Grundlage für den Riemen war ein Elastomer aus Polychloroprene (CR), ein bekannter Werkstoff aus der Reifenindustrie, häufig mit „Gummi" bezeichnet. Aufgrund dieses erfolgreichen Einsatzes und daran anknüpfender, weiterer industrieller Anwendungen begann auch in Europa bereits in den 50-iger Jahren die Fertigung von Zahnriemen.

Bild 2.1 Die erste Zahnriemenanwendung in einer Nähmaschine /A33/

Parallel zu den damals meist mit Zoll-Teilung gefertigten Riemen aus Gummi-Elastomer wurden insbesondere für den europäischen Markt solche aus Polyurethan (PU) in mm-Teilung entwickelt, die ein ähnliches, aber nicht gleiches Trapezprofil aufweisen. Während Gummi-Zahnriemen im Vulkanisationsverfahren hergestellt werden, fertigt man PU-Zahnriemen durch Gießen oder ab 1968 auch durch Extrudieren. 1952 wurde das Krempelverfahren zur Produktion von PU-Riemen der Marke Synchroflex durch die MULCO, ein Zusammenschluss von fünf deutschen Unternehmen im Jahre 1951, entwickelt. Mit der Verwendung von Wickelnasen zur Führung des Zugstranges auf der Form gelang 1954 eine Weiterentwicklung dieses Fertigungsverfahrens, mit dem jetzt auch die Produktion von doppeltverzahnten Zahnriemen möglich war.

Für ein problemfreies Ein- und Auszahnen des Trapezprofiles in die bzw. aus der Scheibenverzahnung legte man zunächst ein relativ großes und einheitliches Flankenspiel für Getriebe mit Zahnriemen aus Gummi-Elastomer fest. Später wurde erkannt, dass Zahnscheiben mit großen Zähnezahlen auch mit deutlich kleinerem Flankenspiel auskommen und somit Vorteile im Übertragungsverhalten haben. In Abweichung von der Norm ISO 5294 /N3/ legen renommierte Hersteller (wie z.B. /F1/) die Lückengeometrie der Scheiben in Abhängigkeit der Zähnezahl fest und grenzen mit zunehmender Zähnezahl das Flankenspiel dieser Riemengetriebe ein /A17/.

Umfangreiche Untersuchungen führten schon bald zur Erkenntnis, dass erhebliche Leistungssteigerungen auf Basis neuer Profilgeometrien möglich sind. Diese führten 1970 zum ersten so genannten Hochleistungsprofil mit der Kurzbezeichnung HTD (High Torque Drive). Der im **Bild 2.2** dargestellte teilungsnormierte Profilvergleich zeigt, dass die klassischen Trapezprofile (hier Beispiel H) kleine Riemenzähne aufweisen, die Scheibenzähne sind jedoch relativ groß. Bei allen Hochleistungsprofilen wurden deshalb grundsätzlich die Riemenzähne zu Lasten der Scheibenzähne vergrößert, um die Leistungsfähigkeit je Riemenzahn zu steigern. Das erscheint bei den eingesetzten Werkstoffen (Riemen aus Elastomer, Scheiben oft aus Metall) sinnvoll.

Außerdem konnte durch die gekrümmte Zahnkontur bei den meisten Hochleistungsprofilen ein gegenüber dem Trapezprofil verbesserter Zahneingriff sowie eine günstigere Verteilung der Flankenkräfte auf die gesamte Arbeitsflanke erreicht werden (**Bild 2.3**), eine wesentliche Voraussetzung für eine lange Lebensdauer. Mit der deutlichen Vergrößerung der Riemenzahnhöhe sinkt auch die Gefahr des Überspringens des Riemens über die Verzahnung der Abtriebsscheibe bei unzulässig hoher Belastung des Getriebes und den damit verbundenen geringen Leertrumkräften. Da Belastungsspitzen im realen Einsatz nicht immer bekannt sind oder ausgeschlossen werden können, erhöht der Einsatz von Hochleistungsprofilen die Sicherheit des Antriebssystems.

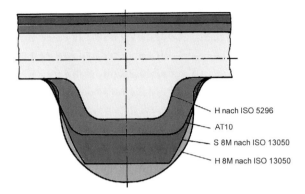

Bild 2.2 Teilungsnormierter Vergleich des Trapezprofils H mit Hochleistungsprofilen

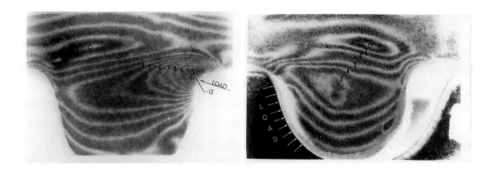

Bild 2.3 Linien gleicher Spannungen beim Einleiten einer Zahnkraft am Zahnmodell mit Trapezprofil (links) und mit HTD-Profil (rechts); Quelle: Gates, Aachen

Weitere Hochleistungsprofile, die sowohl mit neuartiger Geometrie als auch mit verbesserten Werkstoffmischungen aufwarten (s. Kapitel 3), folgten in der Entwicklung.

Ein Technologietreiber der Zahnriemenentwicklung ist sicherlich der Nockenwellenantrieb im Kfz. Erstmals erprobte 1959 die bayrische Firma Glas erfolgreich einen derartigen Einsatz /A2/. 1962 geht ein von Glas entwickelter 42 PS starker Motor mit Zahnriemengetriebe für die Ventilsteuerung in Serie, wobei man damals ohne Riemenspanner auskam (**Bild 2.4**). Die erforderliche Vorspannung wurde durch eine Veränderung des Abstandes von Kurbel- zu Nockenwelle erreicht, indem man Scheiben zwischen Zylinderkopf und Steuergehäuse in Stufen von je 0,3 mm unterlegte, womit aber eine aufwendige Montage entstand. Der GLAS 2600 V8 Motor war somit der erste V-Motor mit Zahnriemen-Nockenwellenantrieb, mit je einem separaten Riemen ohne Spanner pro Zylinderreihe. Die damaligen Zahnriemen mit der Bezeichnung „Contilan" stammten von der Firma Continental und waren aus einem speziellen Polyurethan mit einer Temperaturbeständigkeit von -30 bis +120 °C gefertigt. Laufleistungen von 60.000 bis 80.000 km wurden damals schon erreicht, lediglich der Wasserkontakt bereitete Probleme, da die in den Wickelnasen des Riemens offen liegenden Zugstränge korrodierten /A3/.

Bild 2.4 Zahnriemenantrieb der Nockenwelle im ersten Pkw-Motor mit PU-Zahnriemen (links), Quelle: Glas Automobilclub International e.V. sowie im modernen Kfz (rechts), Quelle: Contitech Antriebssysteme, Hannover

Seit dieser Zeit sind im Pkw-Bereich neben alternativen Konzepten (wie z.B. Steuerkette) überwiegend Zahnriemen für die Bewegungsübertragung von der Kurbelwelle auf die Nockenwelle im Einsatz. Um den stetig steigenden Anforderungen an Belastbarkeit, Laufleistung und Temperaturverträglichkeit gewachsen zu sein, werden weltweit umfangreiche Untersuchungen durchgeführt, z.B. /A5/ bis /A11/, /A49/, /B2/, /B3/. Insbesondere die Anforderungen bezüglich höherer thermischer und mechanischer Belastungen führten zur Einführung von Zahnriemen auf Basis HNBR (hydrierter Nitril-Butadien-Kautschuk). 1985 wurden bei Honda die ersten Motoren mit Riemen ausgerüstet, die auf HNBR basierten, 1987 folgte BMW als erster europäischer Automobilhersteller /A24/. Bis in die 90-iger Jahre wurden Riemen aus wärmestabilem Chloroprene bzw. schwefelvernetztem HNBR-Elastomer für den Nockenwellenantrieb eingesetzt. Verbesserte Motorkapselungen und der motornahe Katalysator haben die Umgebungstemperaturen für den Zahnriemenantrieb um weitere

20 K steigen lassen, so dass heute Spitzentemperaturen von 160 °C auftreten können /A26/, denen man mit peroxidisch-vernetztem HNBR begegnet.

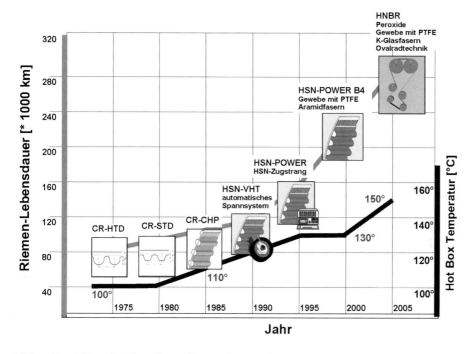

Bild 2.5 Entwicklung der Kfz-Nockenwellenantriebe mit Zahnriemen (nach /A12/) (Riemenelastomere: CR Chlorbutadien-Kautschuk, auch als Chloroprene bezeichnet; HSN schwefelvernetzter, hydrierter Nitril-Butadien-Kautschuk, HNBR peroxidvernetzter, hydrierter Nitril-Butadien-Kautschuk)

Parallel zu Fragen der Optimierung der Profilgeometrie und der eingesetzten Werkstoffe kam dem Spannsystem große Bedeutung bei der Verbesserung der Systemeigenschaften im Kfz zu (**Bild 2.5**). Aufgrund der bis dahin üblichen starren Vorspannung des Riemensystems waren nur Lebensdauerwerte von etwa 120.000 km Laufleistung erreichbar /A26/. Moderne, automatisch arbeitende Spannsysteme werden seit etwa 1990 benutzt, gewährleisten eine permanent konstante Riemenvorspannung und reduzieren somit dynamische Kraftspitzen und Trumschwingungen (s. Kapitel 4.4.2). Etwa ab dem Jahr 2000 setzte man neben den bis dahin üblichen Zugsträngen aus Glasfasern auch solche aus Aramidfasern ein, um eine höhere Belastbarkeit zu erreichen und noch geringere Dehnungen zu bewirken. Gleichzeitig verwendete man erstmalig PTFE-beschichtetes Polyamidgewebe, um die Dauerfestigkeit der Riemenverzahnung zu erhöhen.

Erst die Ovalradtechnologie gepaart mit K-Glas-Zugträgern (s. Kapitel 3.4.2) im Riemen ermöglichte Laufleistungen jenseits der 240.000 km-Marke. Moderne Kfz-Konzepte gehen daher heute von einem so genannten „lifetime-Riemen" aus, d.h. der Zahnriemen besitzt die gleiche Laufleistung wie der Motor und braucht nicht mehr vorzeitig gewechselt zu werden. Die innovative Ovalradtechnik (s. Kapitel 4.5.3.1) erhielt im Jahre 2004 den Automechanika Innovation Award der Kfz-Zulieferindustrie /A12/.

Die Anforderungen an den Zahnriemenantrieb im Pkw-Dieselmotor sind noch komplexer. Stetig gestiegene Einspritzdrücke erfordern es, Spitzendrehmomente von 180 N·m an der Kurbelwelle bei gleichzeitig hohen Wechsellasten von über 4000 N sicher übertragen zu können. Bei Dieselmotoren mit Common-Rail-Einspritzsystem sowie mit Verteilereinspritzpumpe erreicht man für den Zahnriemenantrieb heute schon Werte entsprechend der Motorlebensdauer, für Pumpe-Düse-Systeme wird die 240.000 km-Marke angestrebt /A27/. Auch für Kfz-Sonderlösungen mit extremen Anforderungen, wie bei denen im Ferrari F355, finden speziell optimierte Zahnriemengetriebe Anwendung /A29/.

Als weiteres Beispiel innovativer Zahnriemenentwicklung gilt der Einsatz im Flugzeug. Alle Geräte in der Kabine von Passagierflugzeugen sind mit extrem hohen Anforderungen, insbesondere bezüglich Zuverlässigkeit und speziellen Bedingungen im Brandfall (Rauchdichte, Toxizität, Freisetzen von Verbrennungswärme), beaufschlagt. Die z.B. für den Airbus 380 neu entwickelten Liftsysteme, ausgerüstet mit PU-Zahnriemen, müssen während des Fluges den vertikalen Transport der bis zu 120 kg schweren Trolleys zwischen den einzelnen Decks sicher durchführen, **Bild 2.6**. Dabei können Beschleunigungen bis etwa $9 \cdot g$ auftreten, was zu einer erheblichen Belastung der Zahnriemen führt. In umfangreichen Tests wurde die Leistungsfähigkeit dieser Antriebe nachgewiesen und eine Zulassung der Liftsysteme erreicht, so dass neben der hohen Tragfähigkeit der Zahnriemengetriebe die Eigenschaften der geringen Masse und der Geräuscharmut vorteilhaft genutzt werden können /A14/.

Auch bei Motorrädern sind Zahnriemen erfolgreich im Einsatz, hier zum Antrieb des Hinterrades. Harley-Davidson, Kawasaki, BMW (**Bild 2.7**), Yamaha und andere Motorradhersteller nutzen bei einigen Baureihen die Vorzüge des Zahnriemens gegenüber der Kette, also Wartungsfreiheit ohne Längung und Schmierung (somit auch keine Verschmutzung von Fahrzeug und Fahrer), niedrigeres Geräuschverhalten, längere Lebensdauer sowie geringere Kosten. Kleine Dehnungen sorgen für nahezu gleichbleibende Riemenspannungen und reduzieren die Schwingungsneigung. Das Ergebnis ist eine um den Faktor 3 längere Laufzeit gegenüber der Kette

/A13/. Zusätzlich wirkt sich die Dämpfung zwischen Kunststoffriemen und Metallrad positiv auf das Geräuschverhalten aus.

Bild 2.6 Zwischen den Decks im Airbus A380 übernehmen Liftsysteme mit Zahnriemen den Trolley-Transport; Quelle: Extel Systems Wedel, Wedel

Richtungsweisend dürfte ebenso die völlig unkonventionelle Armbanduhr der Firma TAG Heuer sein, die auf der Messe BASELWORLD 2007 als Prototyp vorgestellt wurde. In dieser sind mehrere Zahnriemen mit Querschnittsflächen von lediglich 0,5 mm x 0,45 mm eingebaut, die die Bewegungen einzelner Getriebestufen bewirken, **Bild 2.8**. Die Mikrozahnriemen entstanden unter Nutzung modernster Mikrospritzverfahren, wobei die Werkzeuge mit Toleranzen im Nanometerbereich realisiert werden mussten. Derartig kleine Zahnriemen waren bisher nicht bekannt, es zeigt aber, dass dem allgemeinen Trend zur Miniaturisierung auch im Bereich der Zahnriemengetriebe grundsätzlich entsprochen werden kann. Das lässt erwarten, dass sich bald die Vorteile dieser Getriebe in ganz neuen Dimensionen für Anwendungen in der Feinwerktechnik und Mechatronik nutzen lassen.

Eine Vielzahl von Spezifikationen (Profile, Werkstoffe, Spannsysteme usw.) sind für den Anwender verfügbar und erschließen ein breites Anwendungsfeld /A13/. Hochleistungselastomere, extrem dehnungsarme Zugstränge sowie spezialbeschichtete Gewebeüberzüge sind die wesentlichen Bestandteile heutiger Zahnriemen und Gegenstand von Kapitel 3.4. Teilweise werden Elastomere verwendet, die nach /N9/

elektrisch leitfähig sind, so dass elektrische Ladungen, die sich beim Betrieb des Getriebes bilden können, abgeleitet werden.

Bild 2.7 Zahnriemen zum Antrieb des Hinterrades von Motorrädern: BMW F 650 CS (links); Poly Chain® Zahnriemen (rechts); Quelle: Gates, Aachen

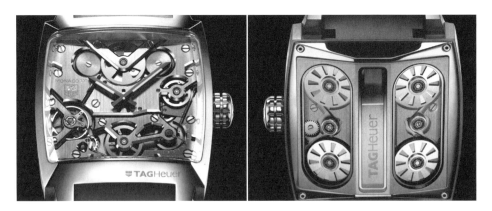

Bild 2.8 Monaco V4 - Armbanduhr mit mehreren Mikro-Zahnriemengetrieben; Quelle: TAG Heuer, Schweiz

Dem Trend zur Energieeinsparung bzw. zu energieeffizienten Antriebssystemen werden Zahnriemengetriebe aufgrund ihres hohen Wirkungsgrades und des fehlenden Schlupfes schon immer gerecht. Mit dem Entwickeln von Hochleistungsprodukten in den letzten Jahren nahm die übertragbare Leistung je mm Riemenbreite erheblich zu. Durch den Einsatz von Kohlenstoff- bzw. Carbonfasern als Zugstrangwerkstoff im Zahnriemen, erstmals vorgestellt 2007, gelang bezüglich der Leistungsfähigkeit nochmals eine erhebliche Steigerung, **Bild 2.9**. Kostenrechnungen unter Einbeziehen der Aufwendungen für Energie und Wartung zeigten z.B. gegenüber Keilriemenantrieben erhebliche Einsparpotentiale /A68/, /A32/. Dies begründet sich sowohl durch die geringeren notwendigen Baugrößen des Getriebes und der Lagerungen, als auch durch den Wegfall von Wartungskosten, da diese Zahnriemen sich weder in der Einlaufphase noch im späteren Betrieb längen und somit kein Nachspannen erfordern.

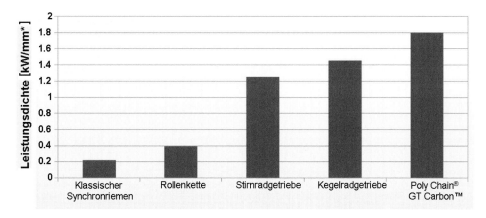

Bild 2.9 Leistungsvergleich von klassischen Getrieben gegenüber Zahnriemengetrieben mit Poly-Chain®CarbonTM-Riemen; Quelle: Fa. Gates, Aachen /A68/
* Leistung je 1 mm Getriebebreite

3 Aufbau, Geometrie und Werkstoffe

3.1 Aufbau, Eigenschaften und hauptgeometrische Getriebeabmessungen

Zahnriemengetriebe bestehen aus einem Zahnriemen und mindestens zwei Zahnscheiben. **Bild 3.1** zeigt ein einfaches Zweiwellengetriebe und ein Mehrwellengetriebe, bei dem der Zahnriemen auch über seine Rückenseite Antriebsaufgaben übernimmt. Hierzu kann er doppeltverzahnt, also mit Verzahnung auf der Vorder- und Rückseite, ausgeführt sein. Im Normalfall ist der Riemenrücken jedoch glatt. Aber auch dann können durch ihn ähnlich einem Flachriemen Antriebsaufgaben übernommen werden, wobei die entsprechende Scheibe außen auch glatt zu gestalten ist.

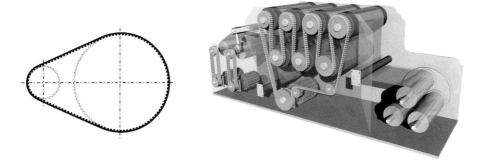

Bild 3.1 Bauformen von Zahnriemengetrieben: einfaches Zweiwellengetriebe (links); Mehrwellengetriebe mit doppeltverzahntem Zahnriemen im Einsatz in einer Folienreckanlage (rechts; Quelle: Mulco-Europe EWIV, Hannover)

Häufig teilt man Zahnriemen nach der Art des Basis-Elastomers in solche aus Gummi-Elastomer, kurz Gummi-Riemen und Polyurethan-Elastomer, kurz PU-Riemen ein. Der grundsätzliche Aufbau des Riemens ist bei beiden Arten ähnlich. Längsstabile Zugstränge sind im Basiswerkstoff vollständig eingebettet, eine schützende und stabilisierende Nylon-Gewebeschicht über die Verzahnung ist nur bei Gummi-Riemen erforderlich (**Bild 3.2**). PU-Riemen können aber zusätzlich mit einer solchen

Schutzschicht zur Senkung des Reibwertes versehen werden, z.B. für den Fall des Gleitens über Stützschienen in Transportsystemen. Die Zugstränge besitzen einen Abstand zueinander, so dass das Elastomer beim Herstellungsprozess diese vollständig umhüllen kann. Um die Bindung zwischen Elastomer und Zugstrang dauerhaft stabil auszulegen, sind spezielle chemische Substanzen, so genannte Haftvermittler, im Einsatz. Gummi-Zahnriemen sind üblicherweise mit Zugsträngen aus Glasfasern oder Aramid, PU-Riemen mit solchen aus Stahllitze oder Aramid ausgerüstet. Hochleistungszahnriemen besitzen deutlich geringere Dehnungswerte als Standard-Trapezzahnriemen, was insbesondere durch dickere Zugstränge mit einer gleichzeitig höheren Anzahl von Filamenten (Zugstrangfasern) und engerer Spulsteigung erreicht wird, **Bild 3.3**.

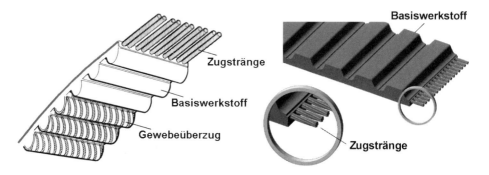

Bild 3.2 Aufbau eines Zahnriemens aus Gummi-Elastomer (links) bzw. aus Polyurethan (rechts)

Für eine einwandfreie Funktion des Getriebes ist es zwingend erforderlich, dass die Profilgeometrien von Riemen- und Scheibenverzahnung exakt zueinander passen, wobei auf eine gleiche Profilbezeichnung zu achten ist (s. Kapitel 3.2 und 3.3). Insbesondere für hochbelastete Getriebe und dem Wunsch nach optimalen Laufeigenschaften hat dies vorrangige Bedeutung.

Die Zugstränge im Zahnriemen sind besonders wichtig. Sie müssen die Kräfte aufnehmen, werden während eines kompletten Riemenumlaufes unterschiedlich stark gedehnt und je nach Anwendung auf Biegewechsel- oder schwellende Biegebelastung beansprucht. Um eine hohe Biegeflexibilität der Zugstränge zu gewährleisten, verzwirnt man stets Filamente (Fasern) zu Litzen und mehrere Litzen zu Zugsträngen. Da die Biegebelastung auch stark vom Biegeradius des Riemens abhängt, sind Mindestzähnezahlen für die Zahnscheiben für die jeweiligen im Riemen verwendeten Zugstrangkonstruktionen sinnvoll. Die Werte für diese Mindestzähnezahlen sind nicht genormt, sondern firmenspezifisch anhand des eingesetzten Zugstranges festgelegt, es können aber die in Tabelle 5.1 gezeigten Werte als Richtwerte angesehen werden.

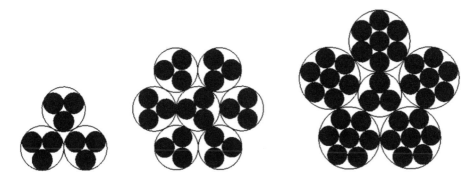

Bild 3.3 Maßstäblicher Größenvergleich der Stahllitzen-Zugstränge des Standard-T10-Zahnriemens mit denen des Hochleistungsprofils AT10 sowie mit denen des für die Lineartechnik entwickelten ATL10-Profils (v.l.n.r.)
(Zugstrangbezeichnungen T10: 3x3/0,6 ; AT10: 7x3/0,9 ; ATL10: 1x3+5x7/1,2)

Da die Zugstränge im endlosen Riemen spiralförmig angeordnet liegen (**Bild 3.4 links**), neigt dieser im Betrieb zum Ablaufen von den Zahnscheiben. Bordscheiben, seitlich an den Zahnscheiben angebracht (Bild 3.4 rechts), wirken dem Ablaufbestreben des Riemens entgegen. Endliche Zahnriemen, auch als Long Length oder Meterware bezeichnet und häufig für die Lineartechnik genutzt, besitzen parallel verlaufende Zugstränge und somit eine sehr geringe Ablaufneigung.

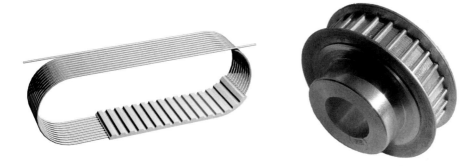

Bild 3.4 Spiralförmige Spulung der Zugstränge im endlosen Riemen (links; /F2/); Zahnscheibe mit beiderseitigen Bordscheiben (rechts)

Um Zahnriemengetriebe betreiben zu können, müssen diese geeignet vorgespannt werden. Aufgrund der formgepaarten Kraftübertragung kann die Vorspannkraft im Vergleich zu kraftgepaarten Riemengetrieben kleiner ausfallen. Das Bestimmen der notwendigen Größe der Vorspannkraft sowie deren sicheres Einstellen ist entscheidend für die Lebensdauer, das Geräuschverhalten, die Übertragungsgenauigkeit und weitere Betriebseigenschaften, weshalb diesem Punkt ein separater Abschnitt (s. Kapitel 6) gewidmet ist.

Tabelle 3.1 Beständigkeiten von Zahnriemen

Eigenschaften	Zahnriemen-Basiswerkstoff	
	Gummi	Polyurethan
Temperaturbeständigkeit	-25 bis +130 °C (HNBR*, Schwefelvernetzung) -30 bis +150 °C (HNBR*, peroxidisch vernetzt) -20 bis +100 °C (CR*) -40 bis +120 °C (EPDM*)	-30 bis +80 °C -30 bis +100 °C (Spezialmischung)
öl- und fettbeständig	ja (HNBR) nein (CR)	ja
beständig gegen Säuren und Laugen	ja	bedingt
tropenbeständig	ja	ja
ozonbeständig	ja	ja
hydrolysebeständig	abhängig vom eingesetzten Zugstrang	ja
witterungsbeständig	bedingt bei Wasserkontakt (Normalzugstrang) ja (spezielle Zugstränge)	bedingt bei Wasserkontakt (Normalzugstrang) ja (spezielle Zugstränge)
alterungsbeständig	ja	ja

* HNBR Hydrierter Acrylnitril-Butadien-Kautschuk; CR Chloroprene-Kautschuk; EPDM Ethylen-Propylen-Terpolymerisat-Kautschuk

Bei der Auswahl eines geeigneten Getriebes sind die Umgebungsbedingungen ein maßgeblich bestimmender Faktor. Insbesondere Unterschiede im zulässigen Temperaturbereich sind für die beiden Basiswerkstoffe Gummi und Polyurethan erkennbar (Tabelle 3.1). Dies ist der Grund dafür, dass für den Nockenwellenantrieb eines modernen Kfz keine PU-Riemen zum Einsatz kommen können. Aufgrund der bei diesen üblicherweise eingesetzten Stahllitze-Zugsträngen und den damit verbundenen geringen Dehnungen werden sie dagegen im Bereich der Robotik und der Lineartechnik bevorzugt. Eine Reihe von Sonderwerkstoffen bei beiden Riemenarten ermöglicht deutlich abweichende Modifikationen für den Einsatz, so z.B. für den

3.1 Aufbau, Eigenschaften und hauptgeometrische Getriebeabmessungen

Tieftemperaturbereich oder bei speziell geforderten Verträglichkeiten. Diese Spezialmischungen benötigen aber in der Regel abgestimmte Einsatzbedingungen mit angepassten Parametern, z.B. bezüglich Leistungsfähigkeit und Vorspannkraft, auf die hier nicht eingegangen werden soll.

Bild 3.5 Zahnriemengetriebe mit Spann- und Führungsrollen

Zahnriemen werden überwiegend als endlose Riemen mit einer Zähnezahl z_b und einer Teilung p_b gefertigt, womit sich bestimmte Achsabstände C eines Zweiwellengetriebes abhängig von den Scheibenzähnezahlen z_1 und z_2 ergeben. Gl. (3.1) beschreibt die Berechnung für C als Näherungsgleichung, welche häufig ausreicht, wenn eine der Wellen zum Vorspannen des Riemens um kleine Beträge verschoben wird. Sind hingegen Fix-Achsabstände zu überbrücken, ist der Riemen ohnehin etwas länger als für den Achsabstand nötig zu wählen, und man setzt zusätzliche Spannrollen ein, um die Montage des Riemens und das Vorspannen desselben zu ermöglichen, **Bild 3.5**. Die Übersetzung i des Getriebes ergibt sich nach Gl (3.2) aus dem Verhältnis der Drehzahlen. Mit Gl. (3.3) lässt sich die Länge L_p eines Zahnriemens bestimmen. Gl. (3.4) ermöglicht die Berechnung der Riemengeschwindigkeit v_b aus der Zähnezahl z_1 und der Drehzahl n_1 der Antriebsscheibe:

$$C \approx \frac{p_b}{4}\left[\left(z_b - \frac{z_2 + z_1}{2}\right) + \sqrt{\left(z_b - \frac{z_2 + z_1}{2}\right)^2 - \frac{2}{\pi^2}(z_2 - z_1)^2}\right], \qquad (3.1)$$

$$i = \frac{n_1}{n_2} = \frac{z_2}{z_1} \, , \tag{3.2}$$

$$L_p = p_b \cdot z_b \, , \tag{3.3}$$

$$v_b = \pi \cdot d_1 \cdot n_1 = p_b \cdot z_1 \cdot n_1 \, . \tag{3.4}$$

Die ausführliche Vorgehensweise zur Berechnung von Zahnriemengetrieben wird in Kapitel 5 beschrieben, wobei als Ergebnis der Dimensionierung die für die Übertragung der Drehmomente bzw. Leistungen notwendige Riemenbreite steht.

3.2 Zahnriemen - Profilgeometrien

Die Profilgeometrien von Riemen und Scheibe sind exakt aufeinander abgestimmt. Damit erfolgen auch bei Belastung ein reibungsarmer Zahneingriff und die Aufteilung der Gesamtbelastung auf die in Eingriff stehenden Zahnpaare. Zur einfacheren Zuordnung werden diese Profilgeometrien (kurz Profile) mit speziellen Kürzeln angegeben. Die Vielzahl verschiedenster angebotener Profilgeometrien kann verwirrend sein. Es sind klassische Trapezprofile (metrische Teilungen T sowie Profile mit Zoll-Teilung XL, L, H u.a.), Hochleistungsprofile mit Kreisbogenform (H bzw. HTD) oder mit parabolischer Flanke (FHT, S bzw. STD, GT usw.) oder auch speziell geformte Profile (AT, ATP, R bzw. RPP, OMEGA u.a.) in einem breiten Teilungs- und Längensortiment verfügbar (**Tabelle 3.2**). Nur ein Teil der Profilgeometrien ist jedoch genormt, deren Maße enthält **Tabelle 3.3**.

Tabelle 3.2 Übersicht über genormte und weitere ausgewählte Profile für Zahnriemen

Profilbezeichnung	Teilungs-kurzzeichen	Teilung [mm]	Riemenprofil (nicht maßstäblich)
Trapezprofil nach DIN 7721	T2,5	2,500	
	T5	5,000	
	T10	10,000	
	T20	20,000	
Trapezprofil ähnlich DIN 7721	T2	2,000	
	M	2,032	

Tabelle 3.2 Fortsetzung 1

Trapezprofil nach ISO 5296	MXL	2,032	
	XXL	3,175	
	XL	5,080	
	L	9,525	
	H	12,700	
	XH	22,225	
	XXH	31,750	
Hochleistungsprofil Trapezform	AT3	3,000	
	AT5	5,000	
	AT10	10,000	
	AT20	20,000	
Hochleistungsprofil Kreisform (8M und 14M in ISO 13050 als H-System genormt)	HTD 3M	3,000	
	HTD 5M	5,000	
	HTD 8M	8,000	
	HTD 14M	14,000	
	HTD 20M	20,000	
Hochleistungsprofil Parabolform (8M und 14M in ISO 13050 als S-System genormt)	FHT-1	1,000	
	FHT-2	2,000	
	FHT-3	3,000	
	S 2M	2,000	
	S 3M	3,000	
	S 4,5M	4,500	
	S 5M	5,000	
	S 8M	8,000	
	S 14M	14,000	
Hochleistungsprofil Parabolform	GT3-2MR	2,000	
	GT3-3MR	3,000	
	GT3-5MR	5,000	
	GT2-8MGT	8,000	
	GT2-14MGT	14,000	

Tabelle 3.2 Fortsetzung 2

Hochleistungsprofil Trapezform mit Einkerbung	ATP10	10,000
	ATP15	15,000

Hochleistungsprofil Parabolform mit Einkerbung (RPP8M und RPP14M in ISO 13050 als R-System genormt)	RPP 3	3,000
	RPP 5	5,000
	RPP 8	8,000
	RPP 14	14,000
	OMEGA 2M	2,000
	OMEGA 3M	3,000
	OMEGA 5M	5,000
	OMEGA 8M	8,000
	OMEGA 14M	14,000

Die Profilgeometrie spielt eine große Rolle bei der Verteilung der Druckkräfte entlang der Flanke sowie beim Einzahnverhalten. Beide Faktoren sind maßgeblich für die Leistungsfähigkeit sowie die erreichbare Lebensdauer eines Zahnriemengetriebes. Für Produktoptimierungen oder für Neuentwicklungen wäre es von großem Vorteil, diese Flankenkräfte sehr detailliert zu kennen. Da direkte Kraftmessungen unrealistisch erscheinen, gewinnen Simulationstechniken Bedeutung, wie die Methode der Finiten Elemente „FEM", um Belastungen am und im Riemenzahn in einer hohen Auflösung sichtbar zu machen, s. Kapitel 7.4. **Bild 3.6** zeigt beispielhaft anhand eines Profilvergleiches die Unterschiede in den mechanischen Spannungen (hier Vergleichsspannungen „*von Mises*") in Abhängigkeit von der Zahnform beim Lasttrumeinlauf unter jeweiliger Nennbelastung. Die klassischen Trapezprofile (hier Profil T) nehmen die Belastungen hauptsächlich über die Zahnflanken auf, die Hochleistungsprofile hingegen stützen sich zusätzlich mit den Riemenzahnköpfen in den Scheibenlücken ab. Damit werden Belastungsspitzen, insbesondere am Riemenzahnfuß, reduziert. **Bild 3.7** demonstriert den grundsätzlichen Einlaufvorgang beim Hochleistungsprofil AT am Beispiel des Lasttrumeinlaufes, dem bezüglich Riemenlebensdauer aufgrund der hohen wirkenden Kräfte eine besondere Bedeutung zukommt. Es ist das grundsätzliche Ziel der Produktoptimierung, insbesondere den Lasttrumeinlauf bei hohen Belastungen weitestgehend reibungsfrei zu realisieren und gleichzeitig die Gesamtbelastung möglichst gleichmäßig auf die im Eingriff stehenden Zahnpaare

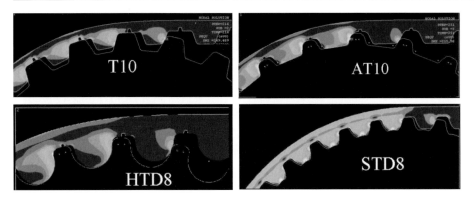

Bild 3.6 Auftretende Spannungen in Abhängigkeit vom Profil bei jeweiliger Nennlast am Lasttrumeinlauf (absolute Größe der Nennlast deutlich unterschiedlich; Zugstränge ausgeblendet)

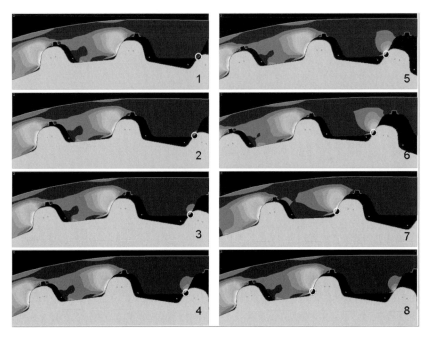

Bild 3.7 Sequenzieller Einlaufvorgang beim AT10-Profil vom Punkt der ersten Berührung (Teilbild 1, Kreissymbol) bis zum kompletten Eingriff im Teilbild 8 (Lasttrumeinlauf bei Nennbelastung, Zugstränge ausgeblendet, nach /A15/)

aufzuteilen. Hierbei haben bogenförmige Zahnflanken Vorteile, da frühzeitige Interferenzen zwischen Riemen- und Scheibenzahn besser als beim Trapezprofil verhindert werden können.

Tabelle 3.3 Riemenprofile und die Maße ihrer Profilgeometrie
a) nach DIN 7721

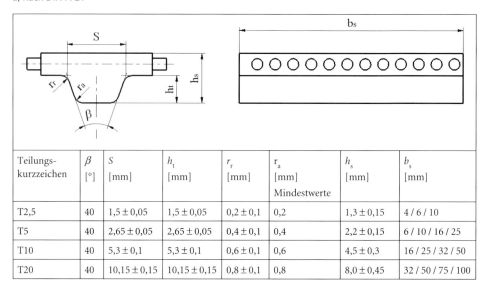

Teilungs-kurzzeichen	β [°]	S [mm]	h_t [mm]	r_r [mm]	r_a [mm] Mindestwerte	h_s [mm]	b_s [mm]
T2,5	40	1,5 ± 0,05	1,5 ± 0,05	0,2 ± 0,1	0,2	1,3 ± 0,15	4 / 6 / 10
T5	40	2,65 ± 0,05	2,65 ± 0,05	0,4 ± 0,1	0,4	2,2 ± 0,15	6 / 10 / 16 / 25
T10	40	5,3 ± 0,1	5,3 ± 0,1	0,6 ± 0,1	0,6	4,5 ± 0,3	16 / 25 / 32 / 50
T20	40	10,15 ± 0,15	10,15 ± 0,15	0,8 ± 0,1	0,8	8,0 ± 0,45	32 / 50 / 75 / 100

b) nach ISO 5296 (ISO 5296 enthält keine Toleranzangaben zur Zahngeometrie)

Teilungs-kurzzeichen	2β [°]	S [mm]	h_t [mm]	r_r [mm]	r_a [mm]	h_s [mm]	b_s [mm]
MXL	40	1,14	0,51	0,13	0,13	1,14	3,2 / 4,8 / 6,4
XXL	50	1,73	0,76	0,2	0,3	1,52	3,2 / 4,8 / 6,4
XL	50	2,57	1,27	0,38	0,38	2,3	6,4 / 7,9 / 9,5
L	40	4,65	1,91	0,51	0,51	3,6	12,7 / 19,1 / 25,4
H	40	6,12	2,29	1,02	1,02	4,3	19,1 / 25,4 / 38,1 / 50,8 / 76,2
XH	40	12,57	6,35	1,57	1,19	11,2	50,8 / 76,2 / 101,6
XXH	40	19,05	9,53	2,29	1,52	15,7	50,8 / 76,2 / 101,6 / 127

3.2 Zahnriemen - Profilgeometrien

Tabelle 3.3 Fortsetzung 1
c) nach ISO 13050 (ISO 13050 enthält keine Toleranzangaben zur Zahngeometrie)

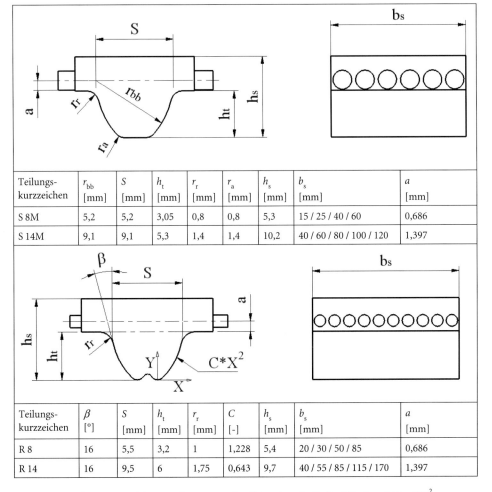

Teilungs-kurzzeichen	r_{bb} [mm]	S [mm]	h_t [mm]	r_r [mm]	r_a [mm]	h_s [mm]	b_s [mm]	a [mm]
S 8M	5,2	5,2	3,05	0,8	0,8	5,3	15 / 25 / 40 / 60	0,686
S 14M	9,1	9,1	5,3	1,4	1,4	10,2	40 / 60 / 80 / 100 / 120	1,397

Teilungs-kurzzeichen	β [°]	S [mm]	h_t [mm]	r_r [mm]	C [-]	h_s [mm]	b_s [mm]	a [mm]
R 8	16	5,5	3,2	1	1,228	5,4	20 / 30 / 50 / 85	0,686
R 14	16	9,5	6	1,75	0,643	9,7	40 / 55 / 85 / 115 / 170	1,397

Hinweis für Profil R: X, Y sind die Koordinatenwerte für die Punkte, die die Profilflanke mit $Y = C*X^2$ beschreiben

38 3 Aufbau, Geometrie und Werkstoffe

Tabelle 3.3 Fortsetzung 2
c) nach ISO 13050 (ISO 13050 enthält keine Toleranzangaben zur Zahngeometrie)

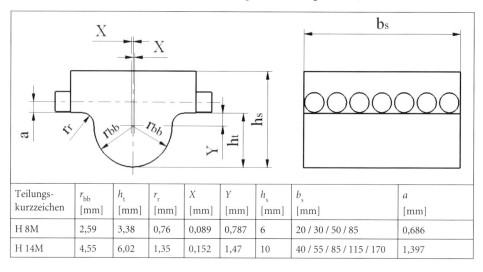

Teilungs-kurzzeichen	r_{bb} [mm]	h_t [mm]	r_r [mm]	X [mm]	Y [mm]	h_s [mm]	b_s [mm]	a [mm]
H 8M	2,59	3,38	0,76	0,089	0,787	6	20 / 30 / 50 / 85	0,686
H 14M	4,55	6,02	1,35	0,152	1,47	10	40 / 55 / 85 / 115 / 170	1,397

Zahnriemen sind auch mit Doppelverzahnungen erhältlich, d.h. der Riemenrücken ist mit einer weiteren Verzahnung versehen. In der Regel ist das Verzahnungsprofil der Rückenverzahnung mit jener der Vorderseite identisch. Man unterscheidet nach der Anordnung der Zähne die Varianten Form A (Zahn über Zahn) und Form B (Zahn über Lücke), **Bild 3.8**. DIN ISO 5296 legt diese Formen erstmalig fest, DIN 7721 kennt nur Form B, ISO 13050 hingegen nur Form A.

Bild 3.8 Form A: symmetrisch angeordnete Zähne (links); Form B: versetzt angeordnete Zähne (rechts)

Grundsätzlich ist es möglich, die Rückenverzahnung auch mit einem anderen Zahnprofil bzw. einer anderen Teilung herzustellen, womit interessante konstruktive Ansätze für spezielle Einsatzfälle, z.B. für hochübersetzende Getriebe gegeben sind (s. Kapitel 4.5.4).

Welche Profilgeometrie aus der Vielzahl verfügbarer für den konkreten Einsatzfall ausgewählt werden soll, hängt von mehreren Faktoren ab. Grundsätzlich gilt, dass

Hochleistungsprofile relativ geringe Riemenbreiten benötigen, um ein bestimmtes Drehmoment zu übertragen (s. Kapitel 5). Damit haben sie gegenüber Trapezprofilen auch Vorteile im Geräuschverhalten bei größeren Drehzahlen, da die Riemenbreite das Geräusch maßgeblich bestimmt (s. Kapitel 10). Geringe Riemenbreiten bewirken auch kleinere Vorspannkräfte und Scheibenbreiten, so dass Kosten, Masse und Massenträgheitsmomente relativ klein ausfallen. In einer Kostenrechnung ist abzuwägen, ob die auf die Breite bezogenen höheren Anschaffungskosten eines Riemens mit Hochleistungsprofil gegenüber dem mit einem Trapezprofil durch die geringere notwendige Breite sowie die vielen Vorteile im Betriebsverhalten nicht mehr als ausgeglichen werden.

3.3 Zahnscheiben - Profilgeometrien und konstruktive Gestaltung

Drei Durchmesser spielen bei der Scheibengestaltung eine wichtige Rolle, der Teilkreis-, der Kopfkreis- sowie der Fußkreisdurchmesser. Wie beim Zahnradgetriebe kennzeichnet der Teilkreisdurchmesser d einen idealen, also abweichungsfreien Wert, auf dem die Teilung der Scheibe bestimmt wird. Beim Zahnriemengetriebe bildet die Lage der Zugstränge im Zahnriemen bei Umschlingung der Zahnscheibe diesen Teilkreis aus, er liegt daher außerhalb der Zahnscheibenkontur und wird in der Regel mit einer Strich-Punkt-Linie gekennzeichnet. Die reale oder wirksame Teilung der Zahnscheibe wird bei den Profilen nach DIN 7721 sowie nach ISO 5296 über den Kopfkreisdurchmesser d_0, bei den Profilen nach ISO 13050 über den Fußkreisdurchmesser d_f eingestellt. Daher stammen die Bezeichnungen kopf- bzw. fußabstützende Riemenprofile. Bei der Fertigung ist insbesondere auf die Einhaltung dieser Parameter Wert zu legen, obwohl der Fußkreisdurchmesser in den Normen für die Zahnscheiben nicht aufgeführt ist, sondern sich aus anderen Parametern berechnet.

Die Parameter sowie die entsprechenden Zahlenwerte zur Beschreibung der genormten Profilgeometrien der Zahnscheiben enthält **Tabelle 3.4**.

Tabelle 3.4 Scheibenprofile und die Maße ihrer Profilgeometrie
a) nach DIN 7721 (Form SE: Zähnezahl bis 20, Form N: Zähnezahl > 20)

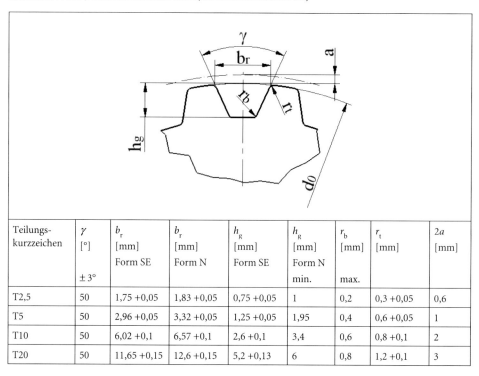

Teilungs-kurzzeichen	γ [°] ±3°	b_r [mm] Form SE	b_r [mm] Form N	h_g [mm] Form SE	h_g [mm] Form N min.	r_b [mm] max.	r_t [mm]	$2a$ [mm]
T2,5	50	1,75 +0,05	1,83 +0,05	0,75 +0,05	1	0,2	0,3 +0,05	0,6
T5	50	2,96 +0,05	3,32 +0,05	1,25 +0,05	1,95	0,4	0,6 +0,05	1
T10	50	6,02 +0,1	6,57 +0,1	2,6 +0,1	3,4	0,6	0,8 +0,1	2
T20	50	11,65 +0,15	12,6 +0,15	5,2 +0,13	6	0,8	1,2 +0,1	3

b) nach ISO 5294

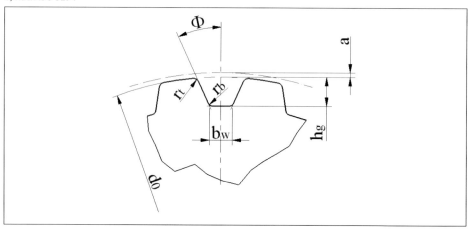

Tabelle 3.4 Fortsetzung 1 - b) nach ISO 5294

Teilungs-kurzzeichen	Φ [°] ±1,5°	b_w [mm]	h_g [mm]	r_b [mm] max.	r_t [mm]	$2a$ [mm]
MXL	20	0,84 ± 0,05	0,69 -0,05	0,25	0,13 +0,05	0,508
XXL	25	0,96 ± 0,05	0,84 -0,05	0,35	0,3 ± 0,05	0,508
XL	25	1,32 ± 0,05	1,65 -0,08	0,41	0,64 +0,05	0,508
L	20	3,05 ± 0,1	2,67 -0,1	1,19	1,17 +0,13	0,762
H	20	4,19 ± 0,13	3,05 -0,13	1,6	1,6 +0,13	1,372
XH	20	7,9 ± 0,15	7,14 -0,13	1,98	2,39 +0,13	2,794
XXH	20	12,17 ± 0,18	10,31 -0,13	3,96	3,18 +0,13	3,048

c) nach ISO 13050

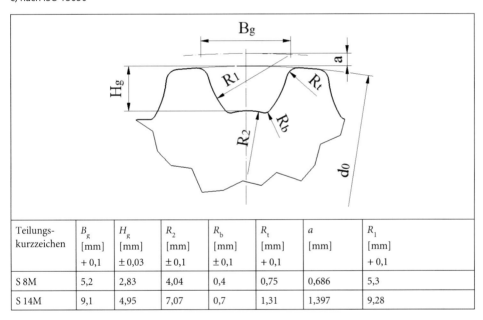

Teilungs-kurzzeichen	B_g [mm] + 0,1	H_g [mm] ± 0,03	R_2 [mm] ± 0,1	R_b [mm] ± 0,1	R_t [mm] + 0,1	a [mm]	R_1 [mm] + 0,1
S 8M	5,2	2,83	4,04	0,4	0,75	0,686	5,3
S 14M	9,1	4,95	7,07	0,7	1,31	1,397	9,28

Tabelle 3.4 Fortsetzung 2 - c) nach ISO 13050

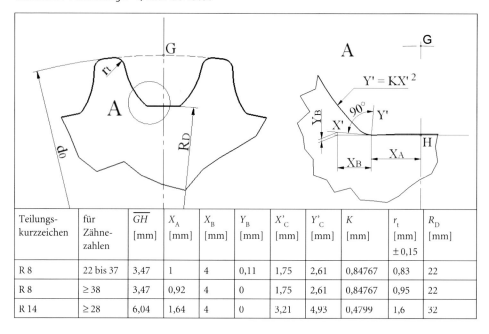

Teilungs-kurzzeichen	für Zähne-zahlen	$\overline{GH}$ [mm]	X_A [mm]	X_B [mm]	Y_B [mm]	X'_C [mm]	Y'_C [mm]	K [mm]	r_t [mm] ±0,15	R_D [mm]
R 8	22 bis 37	3,47	1	4	0,11	1,75	2,61	0,84767	0,83	22
R 8	≥ 38	3,47	0,92	4	0	1,75	2,61	0,84767	0,95	22
R 14	≥ 28	6,04	1,64	4	0	3,21	4,93	0,4799	1,6	32

c) nach ISO 13050

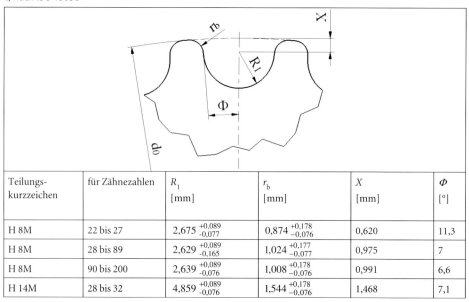

Teilungs-kurzzeichen	für Zähnezahlen	R_1 [mm]	r_b [mm]	X [mm]	Φ [°]
H 8M	22 bis 27	2,675 $^{+0,089}_{-0,077}$	0,874 $^{+0,178}_{-0,076}$	0,620	11,3
H 8M	28 bis 89	2,629 $^{+0,089}_{-0,165}$	1,024 $^{+0,177}_{-0,077}$	0,975	7
H 8M	90 bis 200	2,639 $^{+0,089}_{-0,076}$	1,008 $^{+0,178}_{-0,076}$	0,991	6,6
H 14M	28 bis 32	4,859 $^{+0,089}_{-0,076}$	1,544 $^{+0,178}_{-0,076}$	1,468	7,1

3.3 Zahnscheiben - Profilgeometrien und konstruktive Gestaltung

Tabelle 3.4 Fortsetzung 3 - c) nach ISO 13050

H 14M	33 bis 36	$4{,}834\,^{+0{,}089}_{-0{,}077}$	$1{,}613\,^{+0{,}178}_{-0{,}076}$	1,494	5,2
H 14M	37 bis 57	$4{,}737\,^{+0{,}089}_{-0{,}076}$	$1{,}654\,^{+0{,}177}_{-0{,}077}$	1,461	9,3
H 14M	58 bis 89	$4{,}669\,^{+0{,}088}_{-0{,}077}$	$1{,}902\,^{+0{,}178}_{-0{,}076}$	1,529	8,9
H 14M	90 bis 153	$4{,}636\,^{+0{,}088}_{-0{,}077}$	$1{,}704\,^{+0{,}178}_{-0{,}076}$	1,692	6,9
H 14M	154 bis 216	$4{,}597\,^{+0{,}089}_{-0{,}076}$	$1{,}770\,^{+0{,}178}_{-0{,}076}$	1,730	8,6

Bei der konstruktiven Gestaltung der Zahnscheiben müssen insbesondere bei Leistungsgetrieben einige funktionelle Aspekte beachtet werden:

- Hohe Teilungsgenauigkeit und –konstanz,
- geringe Oberflächenrauhigkeit der Verzahnung,
- richtige Bordscheibengestaltung,
- geringes Massenträgheitsmoment,
- Verzug oder Balligkeit vermeiden (insbesondere bei Kunststoffzahnscheiben),
- kleine Rundlaufabweichung der Verzahnung,
- Breite der Scheibenverzahnung geringfügig größer als die des Riemens,
- hinreichend großes Flankenspiel.

Bild 3.9 zeigt einige Beispiele konstruktiver Varianten von Zahnscheiben. Speichenkonstruktionen oder Durchbrüche im Stegbereich verringern bei größeren Scheiben das Massenträgheitsmoment wirkungsvoll. Es ist dann aber darauf zu achten, dass die auftretenden Belastungen keine unzulässigen Verformungen der Scheibengeometrie bewirken.

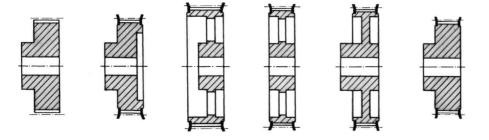

Bild 3.9 Einige Möglichkeiten der Ausführung von Zahnscheiben
(der durch die Strich-Punkt-Linie angedeutete Wirkkreisdurchmesser liegt außerhalb der Zahnscheibe, da er durch die Zugstranglage des Riemens bestimmt wird)

Die in /N3/, /N6/ und /N7/ enthaltenen Grenzen für die zulässigen Teilungsabweichungen der Scheibenverzahnung stellen fertigungstechnisch kein Problem dar. Für besonders anspruchsvolle Anwendungen, wie z.B. der Nockenwellenantrieb im Kfz, sollten deutlich kleinere Werte angestrebt werden. Nur so erfolgt ein optimales Aufteilen der Gesamtbelastung auf die Vielzahl der in Eingriff stehenden Zahnpaare. Die an gleicher Stelle angegebenen zulässigen Rundlaufabweichungen der Zahnscheiben (z.B. 50 µm für Scheiben bis 200 mm Außendurchmesser) sind für Positionier-Anwendungen, wie z.B. in der Lineartechnik oder Robotik, häufig zu grob. Abweichungen in der Übertragungsgenauigkeit sind die Folge (s. Kapitel 9). In der Regel gelingt es aber, diese Werte deutlich zu unterbieten.

Bordscheiben sind zur Führung des Riemens notwendig, sofern er keine selbstführenden Eigenschaften aufweist. Bei der Gestaltung der Bordscheiben ist darauf zu achten, dass diese eine Schrägung von 8 bis 25° erhalten (**Bild 3.10**), so dass der Riemen leicht in die Verzahnung der Scheiben eingreifen kann und nicht auf die Bordscheibe aufläuft. Bei nicht genormten Profilen sollte man sich bezüglich der Bordscheibengestaltung an den Werten der genormten Profile orientieren (**Tabelle 3.5**). Für den Bordscheibenaußendurchmesser d_B sowie für den Biegedurchmesser gelten die Gln. (3.5) und (3.6) in Tabelle 3.5.

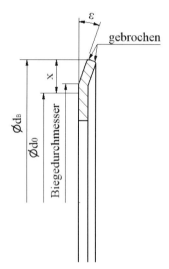

Bild 3.10 Gestaltung der Bordscheiben /N3/

Bei kleinen Riemenlängen kann es ausreichen, nur die kleine Zahnscheibe mit beiderseitig angebrachten Bordscheiben auszurüsten. Alternativ dazu ist ein wechselseitiges Anbringen derselben an beiden Zahnscheiben möglich. Bei großen Riemenlängen können sie an allen Zahnscheiben erforderlich werden. Bis Zahnscheibendurchmesser von etwa 250 mm werden Bordscheiben häufig angebördelt und bei größeren Zahnscheiben angeschraubt. Auch bei großen Riemenbreiten und den damit verbundenen relativ hohen Anlaufkräften sollten die Bordscheiben angeschraubt werden.

Tabelle 3.5 Werte für die Bordscheibengestaltung (s. Bild 3.10)

Profil	x Mindestwerte [mm]	ε [°]	Norm
T 2,5	0,8	8…25	DIN 7721
T 5	1,2	8…25	DIN 7721
T 10	2,2	8…25	DIN 7721
T 20	3,2	8…25	DIN 7721
MXL	0,5	8…25	ISO 5294
XXL	0,8	8…25	ISO 5294
XL	1,0	8…25	ISO 5294
L	1,5	8…25	ISO 5294
H	2,0	8…25	ISO 5294
XH	4,8	8…25	ISO 5294
XXH	6,1	8…25	ISO 5294
H	$h_t + a$ (s. Tabelle 3.3c)	8…25	ISO 13050
R	$h_t + a$ (s. Tabelle 3.3c)	8…25	ISO 13050
S	$h_t + a$ (s. Tabelle 3.3c)	8…25	ISO 13050

$$\phi \, d_B = d_0 + 2 \cdot x \qquad (3.5)$$

$$Biegedurchmesser = d_0 + (0{,}38 \pm 0{,}25) \text{ mm} \qquad (3.6)$$

Die verzahnte Breite einer Zahnscheibe mit Bordscheiben ist geringfügig größer als die Riemenbreite zu wählen. Als Richtwert für die Zusatzbreite kann 1/4 bis 1/5 der Teilung angesehen werden. Damit müsste man für eine Zahnscheibe mit Bordscheiben beispielsweise für einen 20 mm breiten Zahnriemen der Teilung 8 mm eine verzahnte Breite von insgesamt 22 mm veranschlagen. Sind jedoch keine Bordscheiben an der Zahnscheibe vorgesehen, ist die verzahnte Breite deutlich größer zu wählen, damit der Riemen nicht von der Scheibenverzahnung ablaufen kann. Genaue Zahlenangaben enthalten die jeweiligen Normen, bzw. bei den nicht genormten

Profilen sind diese den Herstellerunterlagen zu entnehmen. Besitzt die Zahnscheibe lediglich eine Bordscheibe, so sollte nach der gleichen Vorgehensweise wie ohne Bordscheiben verfahren werden.

Flankenspiel zwischen Riemen- und Scheibenverzahnung ist bei Reversierbetrieb direkt als Abweichung bei der Bewegungsübertragung festzustellen (sog. „backlash"). Im Gegensatz zu Zahnradgetrieben muss das Flankenspiel in Zahnriemengetrieben nicht sofort nach Richtungswechsel wirksam werden, sondern hängt vom Verhältnis der Tangentialkraft zur Vorspannkraft ab. Erst wenn die Tangentialkraft die Haftreibung auf dem Umschlingungsbogen überwinden kann, erfolgt die Gegenflankenanlage. Eine bestimmte Größe des Flankenspiels ist für die Funktion des Zahnriemengetriebes im Normalfall notwendig und über die Geometrie der Zahnscheiben einzustellen. Die erforderliche Größe ist von der Flankenform abhängig und lediglich für die genormten ISO-Profile in den entsprechenden Schriften aufgeführt, wobei diese Zahlenangaben eher informativen Charakter besitzen, da sie kaum so wie angegeben nachgeprüft werden können. Das wirksame, also das tatsächlich auftretende Flankenspiel bei Reversierbetrieb des Getriebes kann durchaus deutlich kleiner sein als jenes bei Betrachtung nur eines Zahnpaares (s. Kapitel 9). Aufgrund der hohen Teilungskonstanz der PU-Zahnriemen gestalten Hersteller die Zahnscheiben bei Bedarf mit modifizierten Flankenspielen, die in Gruppen eingeteilt sind (N normales Flankenspiel; SE eingeschränktes Flankenspiel; 0 Null-Lücke, also kein Flankenspiel). Beim Einsatz von modifizierten Zahnscheiben, insbesondere bei Null-Lücke, sollte unbedingt die technische Beratung des Herstellers gesucht werden, da der Einsatz stark von der Anwendung abhängt.

Je kleiner man die Zahnscheiben wählt, desto größer ist die auftretende Biegebelastung des Riemens. Da die Biegewechselfestigkeit des Zahnriemens im Wesentlichen von den verwendeten Zugsträngen abhängt, müssen für jede Zugstrangkonstruktion zulässige Werte festgelegt werden. In erster Näherung reicht es häufig aus Gründen der Abhängigkeit der eingesetzten Zugstränge von der Riemengröße aus, Richtwerte für die minimale Zähnezahl der Scheiben entsprechend der gewählten Teilung zu benutzen (s. Tabelle 5.1).

Zahnscheiben, die in Antrieben mit Riemengeschwindigkeiten über 30 m/s zum Einsatz kommen, sind auszuwuchten. Guss-Zahnscheiben sollten stets ausgewuchtet werden. Es sind Hinweise nach ISO 254 /N8/ zu beachten, die für alle Arten von Riemenscheiben gelten können.

3.4 Werkstoffe

Der Zahnriemen besteht aus zwei bis drei Hauptbestandteilen, dem Basis-Elastomer, den im Elastomer eingebetteten Zugsträngen sowie einer manchmal erforderlichen Gewebeschicht über der Verzahnung. Zwei grundsätzlich verschiedene Basis-Elastomere sind zu unterscheiden, solche aus Gummi (s. Kapitel 3.4.1.1) und jene aus Polyurethan (s. Kapitel 3.4.1.2). Auch bei den Zugsträngen gibt es erhebliche Unterschiede in den Eigenschaften der drei typischen Werkstoffe Glas, Aramid und Stahl (s. Kapitel 3.4.2). Eine dünne Gewebeschicht über der Riemenverzahnung ist existenziell notwendig für Zahnriemen aus Gummi, kann aber auch für solche aus Polyurethan verwendet werden (s. Kapitel 3.4.3). Eine Reihe von weiteren chemischen Substanzen ist für die Herstellung, für den problemfreien Einsatz sowie für das Einstellen bestimmter Eigenschaften erforderlich. Zu diesen gehören Haftvermittler, Füllstoffe, Beschichtungen, Trennmittel u.a., auf die in den entsprechenden Kapiteln hingewiesen wird.

3.4.1 Riemen-Elastomere

Die Elastizität von Riemen-Elastomeren ist stark belastungsabhängig und im Zugbereich deutlich größer als im Druckbereich, wie es **Bild 3.11** verdeutlicht. Man spricht von einem hyperelastischen Werkstoffverhalten. **Bild 3.12** gibt außerdem einen Überblick zu den Temperatur- und Ölverträglichkeiten für die in Antriebsriemen verwendeten Elastomere. Aus der chemischen Struktur der eingesetzten Polymere

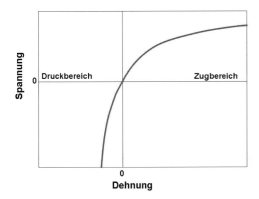

Bild 3.11 Grundsätzliches Deformationsverhalten von Riemen-Elastomeren

48   3 Aufbau, Geometrie und Werkstoffe

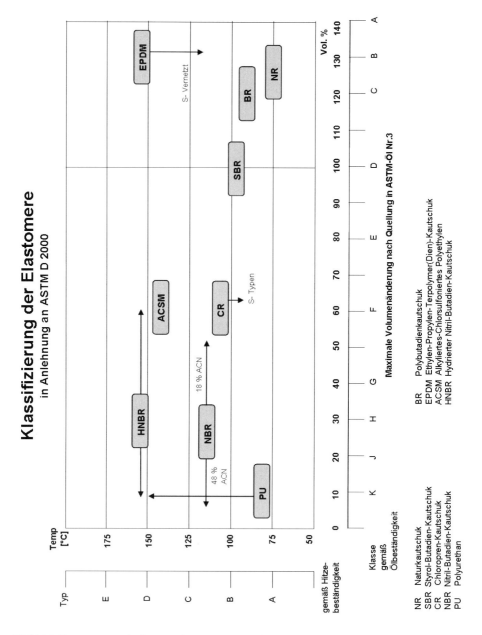

Bild 3.12 Einsatzgrenzen der für Antriebsriemen verwendeten Elastomere /A25/, /N10/

lässt sich die grundsätzliche Temperatur- und Medienbeständigkeit erkennen. Makromoleküle mit C-C-Doppelbindungen in der Polymerhauptkette (z.B. NR, BR) erweisen sich als anfällig gegenüber thermisch-oxidativem Abbau sowie bezüglich inter- und intramolekularer Verknüpfungen. Polymere mit reiner C-C-Hauptkettenverknüpfung (z.B. EPDM, ACSM, HNBR) sind dagegen stabil beim Wirken oxydativer Substanzen und weisen höhere Verträglichkeiten auf. Mit der Auswahl eines Polymers als Basis einer Elastomermischung werden zwar die Grundeigenschaften hinsichtlich Temperatur- und Medienbeständigkeit sowie dynamisch-mechanischem Verhalten festgelegt, Optimierungen sind aber möglich. Durch die Auswahl geeigneter Vernetzer (Schwefel, Peroxide, Metalloxide u.a.), Füllstoffe (Ruße, Silica oder Fasern), Weichmacher (Mineralöle, synthetische Weichmacher) und Alterungsschutzmittel (gegenüber Ozon, Oxidation, dynamischer Ermüdung) können Abrieb- und Geräuschverhalten, dynamisch-mechanische Kenndaten, Kälte- und Wärmebeständigkeit sowie Medienbeständigkeiten beeinflusst werden /A25/.

3.4.1.1 Gummi-Elastomere

Der bis heute für den Industrieeinsatz verwendete Werkstoff Polychloropren (CR) bietet einen Kompromiss zwischen erzielbaren Verträglichkeiten und Kosten. Für Kfz-Anwendungen reichen die Eigenschaften von CR aber nicht mehr aus, da immer mehr und leistungsfähigere Aggregate von einem Riemen anzutreiben sind, die Forderung nach leiseren Motoren häufig eine Kapselung des Riemenantriebs zur Folge hat und somit gestiegene Ansprüche bezüglich der Temperaturfestigkeit auftreten. Diese zunehmenden Leistungsanforderungen können aber in der Regel nicht durch zusätzlichen Bauraum, also z.B. breitere Riemen, aufgefangen werden. Deshalb sind in modernen Nockenwellenantrieben überwiegend HNBR-Mischungen (HNBR Hydrierter Acrylnitril-Butadien-Kautschuk) eingesetzt, da sie gegenüber CR eine Reihe von verbesserten Eigenschaften aufweisen, **Tabelle 3.6**.

Für besonders anspruchsvolle Riemen mischt man dem Elastomer zusätzlich Fasern bei, die sich dann im Fertigungsprozess des Riemens ausrichten und diesem in Faserrichtung eine signifikant höhere Steifigkeit verleihen, ohne die Biegewilligkeit merklich zu beeinträchtigen. Insbesondere die Verformungs- und Scherfestigkeit der Verzahnung wird somit wesentlich erhöht /A21/. Die häufig aus Aramid oder Glas bestehenden Kurzfasern sind in Stäbchenform realisiert, deren Länge teilweise weniger als 0,2 mm beträgt, um keinen Ansatzpunkt für Rissbildung zuzulassen /A30/.

Tabelle 3.6 Eigenschaften von HNBR /A18/

Eigenschaften	Richtwerte für HNBR (gemessen nach Norm)
• hohe Festigkeit • hoher Abriebwiderstand • sehr gute Beständigkeit gegen Öle und chemisch aggressive Zusätze • gute mechanische Eigenschaften auch bei hohen Temperaturen • gute Heißluftbeständigkeit • gute Kälteflexibilität • niedrige Durchlässigkeit für Dämpfe und Gase • gute Ozonbeständigkeit • gute Beständigkeit gegenüber hochenergetischer Strahlung • niedriger Druckverformungsrest	• Shore-A-Härte (ISO 868) 45...90 • Zugfestigkeit 15...40 N/mm² • Bruchdehnung (ISO 37) 100...600 % • relativer Volumenverlust bei 20°C 35...80 mm³ (DIN ISO 4649)

Neben den Forderungen nach höherer Leistungsfähigkeit und Langlebigkeit nehmen solche nach Umweltverträglichkeit zu. Zahnriemen, die frei von Halogenen und Schwermetallverbindungen sind und durch eine geringere Zugdehnung einen Beitrag zur Einhaltung von Abgaswerten und zur Reduzierung des Kraftstoffverbrauchs leisten, erhalten deshalb bei Kfz-Anwendungen zunehmende Bedeutung. Die hohe Alterungsbeständigkeit von HNBR gegenüber CR ist abhängig vom Sättigungsgrad des Elastomers und dem verwendeten Vulkanisationssystem. Darüber hinaus bieten die verschiedenen Vernetzungsarten Möglichkeiten, die Temperaturverträglichkeit einzustellen /A18/:

- Teilhydriertes HNBR (z. B. Therban C 3467 von Fa. Bayer) mit S-Vernetzung: bis etwa 130 °C,
- teilhydriertes HNBR (z. B. Therban C 3467 von Fa. Bayer) mit S-/ZnO_2-Vernetzung: bis etwa 135 °C,
- vollhydriertes HNBR (z. B. Therban A 3406 von Fa. Bayer) mit Peroxid-Vernetzung: bis etwa 150 °C.

Das dynamische Risswachstum von Elastomerproben ist ein weiteres Auswahlkriterium hinsichtlich Langlebigkeit. Neueste Werkstoffmischungen, wie z.B. HXNBR (Verkaufsbezeichnung bei LANXESS: Therban XT), bieten zusätzliche Vorteile gegenüber HNBR, **Bild 3.13**. Auch die Haftung des Elastomers zum zahnseitigen Gewebe wird verbessert, insbesondere im Bereich hoher Temperaturen. Damit erreichen hochbelastete Nockenwellenantriebe mit HNBR-Zahnriemen in modernen Benzin-Motoren Laufleistungen von deutlich mehr als 240.000 km /A18/.

Zahnriemen aus Gummi-Elastomer werden überwiegend im Vulkanisationsprozess hergestellt (s. Kapitel 12.1).

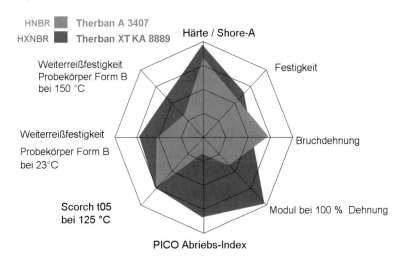

Bild 3.13 Vergleich wichtiger Eigenschaften der beiden Hochleistungselastomere HNBR und HXNBR, ermittelt nach entsprechend genormten Prüfbedingungen (Quelle: LANXESS, Leverkusen)

3.4.1.2 Polyurethan-Elastomere

In industriellen Anwendungen werden auch thermoplastische Polyurethane vielseitig eingesetzt. Polyurethan (PU) besitzt eine Reihe vorteilhafter Eigenschaften, **Tabelle 3.7** und **Tabelle 3.8**. Insbesondere die gute Einbettung von Zugsträngen aus Stahl- oder Aramidlitze im PU und die damit erzielbaren geringen Dehnungswerte des Riemens sind für anspruchsvolle Anwendungen nützlich, z.B. in der Lineartechnik und Robotik. Die Schweißbarkeit von Polyurethan erlaubt außerdem das nachträgliche Anbringen von Nocken und Beschichtungen, insbesondere genutzt für vielfältigste Transportaufgaben (s. Kapitel 4.3).

Zwei verschiedene PU-Elastomere werden eingesetzt, Polyester-PU bei hohen Anforderungen bezüglich Beständigkeit gegenüber Ölen sowie Polyether-PU bei Feuchtigkeitseinfluß /A28/. Ein häufig verwendetes PU für Zahnriemen trägt die Verkaufsbezeichnung Desmopan® 790 (Fa. Bayer), wobei die Ziffer 7 die Rohstoffgruppe Carbonat (und damit die grundsätzlichen Eigenschaften festlegt) und die beiden folgenden Ziffern 90 die Shore-A-Härte angeben /F16/. Obwohl man auch Polyurethan-Elastomere mit Glasfasern verstärken kann, sind Anwendungen bei PU-Riemen im Gegensatz zu solchen aus Gummi bisher nicht bekannt.

Tabelle 3.7 Eigenschaften von thermoplastischem Polyurethan /F15/

Eigenschaften	Richtwerte für Desmopan® 790 (gemessen nach Norm)	
• hohe Abriebfestigkeit • große Steifigkeit und Reißfestigkeit • gute dynamische Belastbarkeit • sehr gute Hydrolysebeständigkeit • gute UV-Beständigkeit • gute Mikrobenbeständigkeit • geringe Quellung in Ölen, Fetten und vielen Lösungsmitteln • verkleb- und verschweißbar • einfärbbar	• Shore-A-Härte (ISO 868) • Spannung bei 100% Dehnung (ISO 37) • Bruchspannung (ISO 37) • Bruchdehnung (ISO 37) • Weiterreißwiderstand (DIN 53515) • relativer Volumenverlust bei 20°C (DIN ISO 4649) • Dichte (ISO 1183)	92 10 N/mm² 55 N/mm² 450 % 85 kN/m 30 mm³ 1,21 g/cm³

Thermoplastisches Polyurethan lässt sich gut durch Gießen oder Extrudieren verarbeiten, s. Kapitel 12.1.

Tabelle 3.8 Eigenschaften einiger häufig eingesetzter Polyurethane für Zahnriemen (Quelle: Breco Antriebstechnik Breher, Porta Westfalica)

PU-Bezeichnung (firmenspezifisch)	Härte [Shore-A]	Schubmodul G [N/mm²]	Empfohlener Einsatztemperaturbereich	Besondere Eigenschaften
TPUST1	92	170	0 °C bis + 80 °C	Standardmischung
TPUST2	85	250	+ 5 °C bis + 50 °C	verbesserte Hydrolysebeständigkeit
TPUFD1	92		0 °C bis + 80 °C	lebensmitteltauglich (FDA-konform)
TPUFD2	85		+ 5 °C bis + 50 °C	lebensmitteltauglich (FDA-konform)
TPUKF1	85	200	− 25 °C bis + 5 °C	sehr kälteflexibel
TPUKF2	82	90	− 30 °C bis − 10 °C	extrem kälteflexibel
TPUAU1	92		0 °C bis + 50 °C	verbesserte Reinigungsmittelbeständigkeit, FDA-konform, absolute Hydrolysebeständigkeit

3.4.2 Zugstrangwerkstoffe

Die Zugstränge spielen in allen Zugmitteln eine entscheidende Rolle, müssen sie doch die Kräfte von der Antriebs- auf die Abtriebsscheibe übertragen und dabei eine hohe Biegewechsel- und Zugfestigkeit aufweisen. Beim Zahnriemen ist darüber hinaus die geforderte Längenkonstanz wichtig, um die formgepaarte Kraftübertragung in hoher Qualität, d.h. eine hinreichend gute Aufteilung der Gesamtbelastung auf die im Eingriff stehenden Zahnpaare, zu ermöglichen. Daher bestehen die Zugstränge im Zahnriemen aus einer Vielzahl verzwirnter, dehnungsarmer Einzelfasern. Die für die verschiedenen Riemensysteme wichtigsten Werkstoffe sind in **Tabelle 3.9** aufgeführt.

Tabelle 3.9 Zugstrangwerkstoffe für Riemen

Zugstrangwerkstoff	Aramidfaser	Glasfaser	Stahllitze	Polyesterfaser
Markennamen	Kevlar®; Twaron®	E-Glas; K-Glas		Trevira®; Diolen®
Anwendung bei Riemengetrieben	Zahnriemen (Gummi, PU) Keilriemen Flachriemen	Zahnriemen (Gummi) Keilriemen	Zahnriemen (PU)	Flachriemen Keilriemen
Herstellung	Verzwirnen von Einzelfilamenten	Verzwirnen von Einzelfilamenten	S-Z-Verseilung von Einzeldrähten	Verzwirnen von Einzelfilamenten
Längen-Temperaturkoeffizient	$-2 * 10^{-6} K^{-1}$	$+5{,}3 * 10^{-6} K^{-1}$	$+18 * 10^{-6} K^{-1}$	
Zugfestigkeit	2900 N/mm²	3400 N/mm²	2600 N/mm²	1150 N/mm²
Bruchdehnung	3,6 %	4,5 %	2,0 %	14 %
E-Modul	60.000 N/mm²	70.000 N/mm²	200.000 N/mm²	13.400 N/mm²
Dichte	1,44 g/cm³	2,54 g/cm³	7,85 g/cm³	1,38 g/cm³
weitere Eigenschaften	extrem wärmebeständig; nicht korrodierend; gute chem. Beständigkeit; elektrisch nicht leitend; hitze- und flammfest; geringe Lichtbeständigkeit; relativ hohe Wasseraufnahmefähigkeit; empfindlich gegenüber Querbeanspruchung	nicht korrodierend; gute chem. Beständigkeit; elektrisch nicht leitend; relativ spröd; eingeschränkte Hydrolysebeständigkeit (je nach Haftvermittler)	gute chem. Beständigkeit; elektrisch leitend; Korrosion möglich, deshalb galvanisch behandelte oder auch nicht korrodierende Zugstränge (Edelstahl) verwenden	nicht korrodierend; gute chem. Beständigkeit; elektrisch nicht leitend; witterungsbeständig; geringe Wasseraufnahmefähigkeit

Kohlenstoff- oder Carbon-Fasern weisen extrem geringe Dehnungswerte auf und sind schon länger bekannt, kamen bisher jedoch aufgrund ihres hohen Preises in Zahnriemen nicht zum Einsatz. Erst im Jahr 2007 wurde ein Zahnriemen mit Carbon-Zugsträngen von der Fa. Gates vorgestellt /A74/. Zugstränge aus Polyamid (Nylon) werden insbesondere bei Keil- und Keilrippenriemen für die so genannte Weiße Ware (Waschmaschinen, Trockner) verwendet, da der niedrige E-Modul konstruktions- und temperaturbedingte Achsabstandsschwankungen relativ gut kompensiert und somit die Riemenspannung in etwa konstant hält. Bei den Festigkeitswerten in **Bild 3.14** ist zu beachten, dass diese auf die Masse bezogene, spezifische Werte sind.

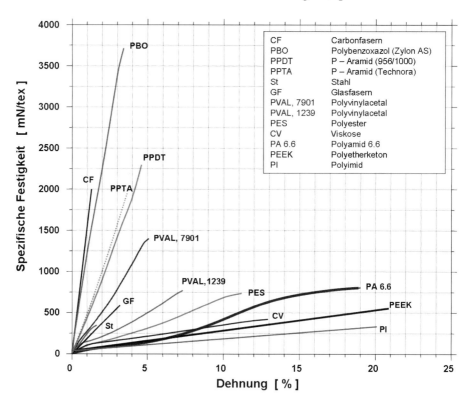

Bild 3.14 Dehnungsverhalten verschiedener Zugstrangwerkstoffe (Quelle: ContiTech, Hannover) (tex Einheitenzeichen für Feinheit von Fasern und Fäden; 1 tex = 1 mg/m)

3.4.2.1 Glasfasern

Gegenüber anderen Zugstrangwerkstoffen besitzt Glas wichtige Vorteile /A19/, /A23/, /F17/. Es weist eine geringe Dehnung auf, lässt sich durch geeignete Präparationsverfahren weitestgehend unempfindlich gegen laterale Kräfte einstellen, kriecht nicht und nimmt keine Feuchtigkeit auf. Große Nachteile von Glas sind aber die mangelnde Hydrolysebeständigkeit und eine gewisse Sprödigkeit, denen man durch geeignete Maßnahmen entgegenwirkt.

Der verzwirnte Glascord besteht aus Einzelfilamenten, von denen jedes bei der Herstellung zunächst von einer Schicht „Schlichte" unmittelbar umhüllt wird (**Bild 3.15**). Diese Schlichte besteht aus einer wässrigen Polymeremulsion, Organosilanen und verschiedenen Chemikalien zur Förderung der Verarbeitbarkeit. Umgeben ist die Schlichte von einer Schicht Haftvermittler. Somit wird im Idealfall jedes einzelne Glasfilament von mehreren Schutzschichten vollständig umschlossen, um insbesondere den mechanischen Kontakt zu benachbarten Filamenten zu unterbinden. Je nach Art des Riemenelastomers folgt als Verbindung zu diesem ein weiterer Haftvermittler.

Die Haftvermittler, auch Haftsysteme genannt, bestehen häufig aus Resorcin-Formaldehyd-Latex (RFL). Sie gewährleisten eine ausreichende Haftung auch bei hohen Temperaturen und großen mechanischen Belastungen – ein grundlegender Beitrag zum Erreichen hoher Standzeiten der Riemen.

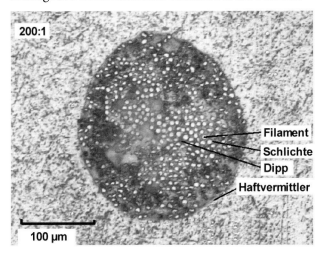

Bild 3.15 Aufbau eines Glasfaser-Zugstranges (Quelle: Intercordsa, Mühlhausen)

Die Schlichte wirkt als Barriereschicht und verringert den Festigkeitsabbau durch Hydrolyse entscheidend, insbesondere in Kombination mit einer speziellen RFL-Rezeptur. Durch geeignete Verfahren in Verbindung mit einer Silikatbeschichtung wird die Oberflächenspannung von Glas verändert, was ein völliges Umhüllen der Einzelfilamente mit RFL verbessert und damit eine mechanische Beanspruchung der Glasfilamente untereinander verhindert. Schlichte auf Stärkebasis verliert bei Wassereinfluss ihre Schutzfunktion, weshalb Kunststoffschlichte zum Einsatz kommen.

Zugstränge aus Glasfasern sind in verschiedenen Konstruktionen üblich, die sich im Wesentlichen in der Feinheit der Einzelfilamente, dem Zugstrangdurchmesser und in der chemischen Zusammensetzung unterscheiden, **Tabelle 3.10**.

Das chemisch einfachste Glas ist Quarzglas, es besteht ausschließlich aus SiO_2. Als Standardwerkstoff für Glasfaser-Zugstränge gilt E-Glas (sog. „elektrisches Glas") wegen seiner dielektrischen Qualitäten, also seiner geringen Ionenleitfähigkeit. Diese Art wird schon seit 1930 produziert und ist auch heute noch die gebräuchlichste Faser für Gummi-Zahnriemen. Durch Zusatz von Aluminiumoxid und mindestens 6,5 % Boroxid weist E-Glas eine relativ hohe Festigkeit auf. Glasfasern mit höherer Festigkeit, wie z.B. aus U-Glas oder K-Glas, enthalten mehr Aluminiumoxid. Gleichzeitig hat man ihnen noch Magnesiumoxid beigemischt, was die Kristallisation herabsetzt und eine Verarbeitung über ein größeres Temperaturintervall ermöglicht.

Tabelle 3.10 Einige in Zahnriemen eingesetzte, übliche Glasfaser-Zugstränge /F17/

Zahnriemen-Profile	Zugstrangbezeichnung	Zugstrangdurchmesser [mm]	Zugstrangmasse [g/(1000m)]
MXL	EC9 68.1/2	0,34	168
XL	EC9 110.1/3	0,55	400
L	EC9 110.1/3	0,55	400
H	EC9 110.1/13	1,20	1775
XH	EC9 140.3/12	2,47	6350

In der Regel werden Glasfaser-Zugstränge für Gummi-Zahnriemen eingesetzt, jedoch sind auch vereinzelt Anwendungen für PU-Zahnriemen erwähnt /W1/. Dort wird die bei Glas- gegenüber Aramidfasern größere Längenstabilität bei erhöhter Luftfeuchtigkeit hervorgehoben. Dazu war es jedoch erforderlich, die im Normalfall geringe Haftung zwischen Glas und Polyurethan deutlich zu verbessern.

3.4.2.2 Aramidfasern

Aramidfasern bestehen aus langen Poly-Paraphenylenterephtalamid-Molekülketten und sind eine der wichtigsten organischen Chemiefasern mit einem sehr breiten Einsatzbereich /F31/. Die hervorragenden Eigenschaften dieser Fasern, wie die sehr hohe Zugfestigkeit, die Zähigkeit und die gute chemische Beständigkeit, versucht man auch für die Zugstranggestaltung zu nutzen. Nachteilig ist die Feuchtigkeitsaufnahme von Aramid, die zu einer Verkürzung des Zugstranges führt. **Bild 3.16** belegt das Dehnungsverhalten unterschiedlicher Zahnriemen mit identischer Geometrie, jedoch in verschiedenen Zugstrangausführungen.

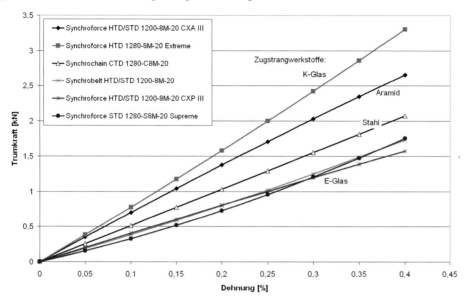

Bild 3.16 Kraft-Dehnungs-Diagramm ausgewählter Zahnriemen der Teilung 8 mm; Riemenlänge 1200 bzw. 1280 mm; Breite 20 mm; endlose Zahnriemen (Quelle: ContiTech, Hannover)

3.4.2.3 Stahllitzen

Ein derartiger Zugstrang ist aus mehreren Litzen aufgebaut. Die Litzen wiederum bestehen aus verseilten Einzeldrähten (Filamenten). Die Schlaglänge gibt die Verdrillung einer Litze an, **Bild 3.17**.

Bild 3.17 Schlaglänge L einer Litze /A20/

Wie bei der Konstruktion von Seilen üblich, werden Zugstränge ebenso nach ihrem Aufbau bezeichnet. Eine Zugstrangbezeichnung 3x3 bedeutet beispielsweise, dass der Zugstrang aus drei Litzen mit je drei einzelnen Filamenten besteht, **Bild 3.18**. Zweifach verseilte Zugstrangkonstruktionen, wie z.B. solche mit der Bezeichnung 0,365+6x0,35+6x(0,35+6x0,30), besitzen einen Kerndraht mit 0,365 mm und sechs Außendrähte mit je 0,35 mm Durchmesser. Die Seileinlage ist mit sechs Litzen umgeben, die aus jeweils einem Kerndraht mit 0,35 mm und sechs Außendrähten mit 0,30 mm Durchmesser bestehen.

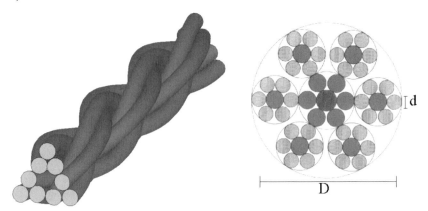

Bild 3.18 Zugstrangkonstruktionen 3x3 /A20/ (links) und 0,365+6x0,35+6x(0,35+6x0,30) (rechts; Quelle: N.V. Bekaert, Waregem)

Die in ausgewählten Zahnriemen häufig verwendeten Zugstrangkonstruktionen zeigt **Tabelle 3.11**. Dabei kommen Filamente mit Durchmessern von 40 µm, 60 µm, 80 µm, 120 µm, 150 µm und 175 µm zum Einsatz.

Tabelle 3.11 Häufig verwendete Stahllitze-Zugstränge für Zahnriemen (Quelle: N.V. Bekaert, Waregem)

Zahnriemen-Profile	Zugstrangbezeichnung (Litzenanzahl x Filamentanzahl / Zugstrangdurchmesser)
T 2	3x3 / 0,1 mm
T 2,5	3x3 / 0,2 mm
T 5	3x3 / 0,3 mm
T10	3x3 / 0,6 mm
T20	7x3 / 0,9 mm
AT5	3x3 / 0,5 mm
AT10	7x3 / 0,9 mm
AT20	3+5x7 / 1,2 mm
ATL10	3+5x7 / 1,2 mm
ATL20	7x7 /1,6 mm

3.4 Werkstoffe

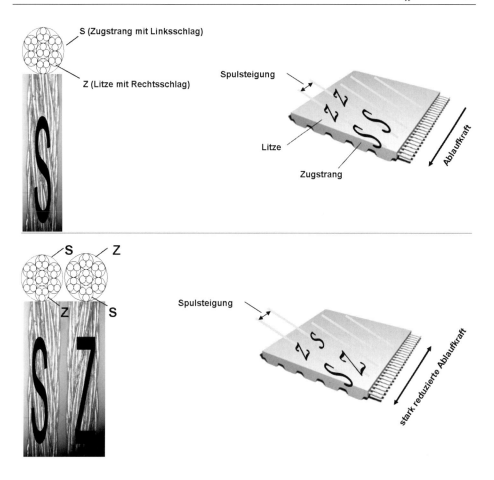

Bild 3.19 Anordnung von S-Z-gespulten Zugstranglitzen aus Stahl in bisherigen PU-Hochleistungszahnriemen (oben) und in neuesten Produkten (unten) /A35/

Aufgrund des Verdrillens des Zugstrangs sowie der Spulung im Riemen (s. Bild 3.4) besitzt dieser eine seitliche Ablaufneigung von den Zahnscheiben. Damit der Zahnriemen nicht von der Scheibenverzahnung abläuft, erhalten diese Bordscheiben. Die vom Riemen erzeugten seitlichen Kräfte auf die Bordscheiben können bei einfachen Zugstrangkonstruktionen beträchtlich sein. Um diese Kräfte zu reduzieren, werden Zugstränge häufig mit einer gegenläufigen Spulung von Litze und Zugstrang hergestellt. Je nach Verseilrichtung spricht man dabei von einer S- oder Z-Spulung. Neueste, bifilar genannte Zugstrangkonstruktionen für Zahnriemen verwenden zusätzlich S- und Z-gespulte Zugstränge abwechselnd, um das Ablaufbestreben zu verringern, **Bild 3.19**. Umfangreiche Untersuchungsergebnisse zu den wirkenden mechanischen Spannungen im Innern einer Stahllitze für Zugstränge enthält /B11/.

Die Filamente eines Zugstranges können aus einfachem Stahl, häufiger aber aus galvanisch behandeltem Stahl oder gar aus Edelstahl bestehen, um einer scheinbaren Rostbildung im Bereich der Wickelnase entgegenzuwirken. In Wirklichkeit handelt es sich hierbei aber um eine Ansammlung abgeriebener und oxydierter Partikel der Zugstrangfilamente, die sich durch die Biegung des Zahnriemens entlang des Zugstranges in Inneren desselben bewegen und in der Wickelnasenlücke sammeln /A67/. Beim Verwenden von Edelstahl-Zugsträngen ist darauf zu achten, dass diese eine signifikant geringere Steifigkeit und Biegewechselfestigkeit gegenüber vergleichbaren Standard-Zugsträngen aufweisen.

Um eine dauerhafte Bindung zum Elastomer zu erreichen, müssen auch Stahllitze-Zugstränge mit einem speziellen Haftvermittler behandelt werden. Standard-Haftvermittler füllen die Zwischenräume zwischen den Filamenten und lassen kein Polyurethan eindringen, **Bild 3.20a**. Neueste Entwicklungen verwenden eine extrem dünnflüssige Emulsion, so dass auch Elastomer zwischen die einzelnen Fasern gelangen kann und zu deutlich verbesserter Haftung führt, Bild 3.20b. Der von Fa. Bekaert eingeführte Fexisteel®-Zugstrang wird bereits mit einer Polyurethan-Schicht ausgeliefert, die auch den Zugstrangaufbau durchdrungen hat und somit beim weiteren Verwenden im Prozess der Polyurethan-Zahnriemenherstellung exzellente Werte der Haftung realisiert /A67/.

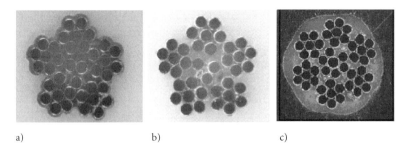

a)   b)   c)

Bild 3.20 Schnitt durch einen Stahllitze-Zugstrang nach /A67/, a) penetriert mit Standard-Haftvermittler; b) penetriert mit Spezial-Haftvermittler ; c) Flexisteel®-Zugstrang

Eine Messingschicht als Haftvermittler für Stahllitzen ermöglicht Bindungen zu Gummi-Elastomeren, wie natürlichem Gummi oder SBR-Gummi, jedoch nicht zu EPDM, CR und HNBR-Elastomeren. Hier sind angepasste Emulsionen ähnlich der für Polyurethan seit kurzem verfügbar /A67/.

3.4.3 Beschichtung der Riemenzähne

Zahnriemen aus Gummi-Elastomer müssen eine zahnseitige Beschichtung aus Gewebe erhalten. Dieses gewährleistet eine hohe Abriebfestigkeit der Verzahnung und senkt den Gleitreibwert zwischen Riemen und Scheibe auf typische Werte von 0,1 bis 0,2. Gleichzeitig stabilisiert diese Beschichtung den Zahn, so dass die Scherfestigkeit und Biegesteifigkeit erhöht wird. Üblicherweise verwendet man als Gewebe-Werkstoff Polyamid. Bei hochbelasteten Zahnriemen kann diese Schicht in mehreren Lagen ausgeführt und zusätzlich z.B. mit Teflon behandelt werden, um eine weitere Senkung des Reibwertes zu ermöglichen /A31/.

Zahnriemen aus Polyurethan benötigen eine derartige zahnseitige Beschichtung nicht. Die Abrieb- und Scherfestigkeiten von Polyurethan sind für den normalen Einsatz ausreichend. Lediglich für Transportaufgaben, in denen sich mit Transportgut belastete Riemen auf Schienen oder anderen Konstruktionen abstützen müssen, empfiehlt sich eine zusätzliche Schicht aus Polyamidgewebe. Erzielbare Reibwerte schwanken sehr stark je nach Werkstoff, Oberflächenbeschaffenheit und Temperatur. Als Orientierung gelten die in /F2/ angegebenen Richtwerte von 0,6 bis 0,7 (Stahl gegen Polyurethan) und 0,2 bis 0,4 (Stahl gegen Polyamidgewebe).

Einige Polyurethan-Zahnriemen der neuesten Generation für extreme Belastungen werden generell mit einer zusätzlichen zahnseitigen Beschichtung hergestellt, z.B. die unter der Verkaufsbezeichnung „Poly Chain GT2" /F21/ bzw. „Synchrochain" /F20/ eingeführten Riemen. Beim Synchrochain-Riemen verwendet man dabei ein doppellagiges System aus Polyamidgewebe und zusätzlicher Polyethylen-Folie, die den Kontakt zur Scheibe sehr reibungsarm gestaltet. Obwohl derartige Zahnriemen zur Zeit in nur wenigen Profilgeometrien, Teilungen und Längen verfügbar sind, dürfte der Erfolg dieser Produkte über den weiteren Ausbau des Angebotes sehr bald entscheiden.

3.4.4 Zahnscheiben

Übliche Werkstoffe für Zahnscheiben (**Bild 3.21**) sind Stähle (z.B. 11SMn30, C45E), Aluminium höherer Festigkeit (z.B. AW-AlCu4PbMgMn F37), Gußeisen (Grauguß, z.B. EN-GJL-250), Sintermetalle und einige Kunststoffe (z.B. PA6 oder PA66, POM, Polyacetalharz). Es ist zu gewährleisten, dass sich die Oberflächenrauhigkeit der Verzahnung der Scheiben im Laufe der Zeit nicht erhöht, weshalb unter anderem bei Leistungsgetrieben weiche Legierungen nicht zum Einsatz kommen sollten. Extrem geringe Oberflächenrauhigkeiten lassen sich z.B. mit Sintermetallen erzielen, wie sie für Zahnscheiben in Kfz-Anwendungen häufig zu finden sind.

Bei der Auswahl eines geeigneten Scheibenwerkstoffs ist auf Anforderungen bezüglich Korrosionsbeständigkeit, Abriebfestigkeit, Wärmeleitfähigkeit, Massenträgheit, Kosten u.a. zu achten.

Eine Schmierung der Verzahnung ist generell nicht notwendig. Bei Verwendung von Riemen aus Chloroprene-Elastomer (CR) kann diese sogar zum vorzeitigen Versagen des Getriebes aufgrund der begrenzten Beständigkeit des Riemens führen. Bei Polyurethan-Riemen vermag in einigen Fällen eine Schmierung z.B. mit Fett oder MoS_2 aber nützlich sein, um den relativ hohen Reibwert zu senken und Vorteile im Geräuschverhalten zu erreichen.

Bild 3.21 Zahnscheiben in verschiedenen Ausführungen und aus unterschiedlichen Werkstoffen (Quelle: Wiag Antriebstechnik, Lippstadt)

4 Getriebearten

Die im Kapitel 3 beschriebenen vielfältigen Profilgeometrien, die Verfügbarkeit von Zahnriemen in einem großen Teilungs- und Längensortiment sowie die Möglichkeit, auch Doppelverzahnungen herstellen zu können, eröffnen eine Vielzahl von Anwendungen. **Bild 4.1** zeigt einige grundsätzliche Bauarten.

Beispielhaft für den allgemeinen Einsatz von Zahnriemengetrieben sind die Bereiche Fahrzeugtechnik, Werkzeug-, Papier- und Textilmaschinen, Baumaschinen, Pumpen, Transport- und Fördertechnik, Linearsysteme, Handwerkzeuge, Bürotechnik, Hausgeräte und Robotik zu nennen.

Häufig werden Zahnriemengetriebe nach drei typischen Einsatzgebieten eingeordnet, Anwendungen für die Antriebstechnik, die Lineartechnik oder die Transporttechnik. Die Abgrenzung der Gebiete ist dabei nicht starr, sondern fließend. Trotzdem kann man einige Besonderheiten erkennen, die in den folgenden Kapiteln zusammengestellt sind. Eine Vielzahl verfügbarer Komponenten und Sonderkonstruktionen erweitern die Einsatzmöglichkeiten von Zahnriemengetrieben beträchtlich und werden im Kapitel 4.5 beschrieben.

4.1 Antriebstechnik

Das Gebiet der Antriebstechnik ist sehr breit gefächert. Im Vordergrund stehen dabei hohe zu übertragende Drehmomente bei großen Drehzahlen. Die allgemeine Berechnung der Getriebe erfolgt nach diesen Kriterien und ist in Kapitel 5 dargestellt. Drei Faktoren bilden die Grundlage der Dimensionierung eines Zahnriemengetriebes, die Belastbarkeit der Riemenzähne sowie die der Zugstränge auf Zug und auf Biegung. Die Belastbarkeit der Riemenzähne beinhaltet im Wesentlichen die Scherfestigkeit und Biegestabilität sowie die zulässige Pressung an den Flanken. Der hierfür wichtige Parameter ist die aus dem Drehmoment resultierende Tangential- bzw. Umfangskraft je Zahn. Da mehrere Riemenzähne gleichzeitig auf dem Umschlingungsbogen belastet werden, darf die Summe dieser Einzelkräfte dann die Zugbelastbarkeit der Zugstränge nicht übersteigen. Bei solchen aus Glas- oder Aramidfasern wird als

Grenze ein Wert von 10 %, bei Stahllitzen sogar von 25 % der jeweiligen Bruchspannung angegeben. Die eingeschränkte Belastbarkeit auf Biegung wird durch das Festlegen einer zulässigen minimalen Scheibenzähnezahl bzw. eines Mindestdurchmessers der Spannrollen beachtet, aber nicht als Spannung oder Kraft definiert.

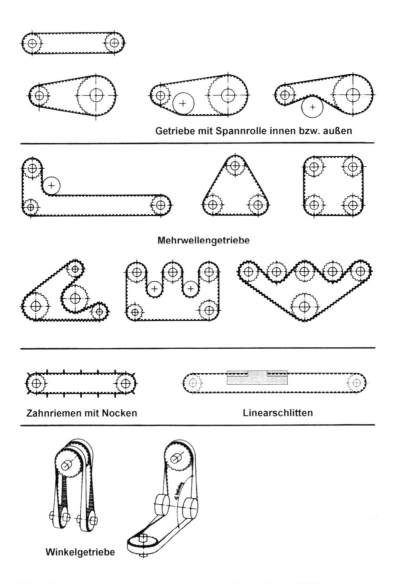

Bild 4.1 Bauarten von Zahnriemengetrieben (nach Mulco-Europe EWIV, Hannover)

Eine Optimierung bei Gummi-Zahnriemen mit Hochleistungsprofil und Glasfaser-Zugsträngen erweiterte den Einsatz in der Antriebstechnik, wobei erstmals in Antriebsaufgaben mit hohem Drehmoment bei kleinen Drehzahlen und solchen bei großen Drehzahlen unterschieden wird. Durch speziell angepasste Zugstränge (vgl. Kapitel 3.4.2) und Werkstoffe sind somit für diese beiden Bereiche unterschiedliche Zahnriemen entstanden. Hochleistungszahnriemen für den niedrigen Drehzahlbereich können daher zunehmend an Stelle von Ketten eingesetzt werden.

Bild 4.2 Zahnriemengetriebe in einer Textilmaschine (links; Quelle: Mulco-Europe EWIV, Hannover) sowie in einer Werkzeugmaschine (rechts; Quelle: ContiTech Antriebssysteme, Hannover)

Bei der Gestaltung der Getriebe ist generell darauf zu achten, dass ein ausreichend großer Umschlingungsbogen zur Kraftübertragung zur Verfügung steht. Es sollten dabei mindestens drei Zahnpaare an jeder ein Drehmoment übertragenden Welle im Eingriff stehen. Werden mit einem Zahnriemen Drehmomente auf mehrere Wellen übertragen (Mehrwellengetriebe, **Bild 4.2**), ist die Dimensionierung des Riemens an jeder belasteten Zahnscheibe durchzuführen. Damit wird sichergestellt, dass bei unterschiedlich großen Umschlingungsbögen und Drehmomenten die gewählte Riemenbreite stets ausreicht, um die auftretenden Belastungen sicher zu ertragen. Dabei kann die gesamte Belastbarkeit des Riemens beliebig auf die Verzahnungen von Vorder- und Rückseite aufgeteilt werden.

4.2 Lineartechnik

In der Lineartechnik sind translatorische Bewegungen erforderlich, die häufig durch Rotations-Translations-Umformer erzeugt werden. Neben Schraubengetrieben (sog. Spindel-Mutter-Systemen) /B28/ kommen auch Zahnriemengetriebe zum Einsatz, **Bild 4.3**. Insbesondere bei großen Verfahrwegen mit hohen Geschwindigkeiten haben diese gegenüber Schraubengetrieben Vorteile. Die Steifigkeiten sowie die Fertigungsgenauigkeiten der Zahnriemen wurden in den letzten Jahren erheblich verbessert, so dass heute Positioniergenauigkeiten im Bereich von ± 0,1 mm erzielbar sind, **Bild 4.4**. Die erreichbaren Wiederholgenauigkeiten, d.h. Positionen immer wieder reproduzierbar anzufahren, liegen sogar bei wenigen 0,01 mm. Kapitel 9 beschreibt Möglichkeiten, erreichbare Genauigkeiten von Linearantrieben mit Zahnriemen zu ermitteln.

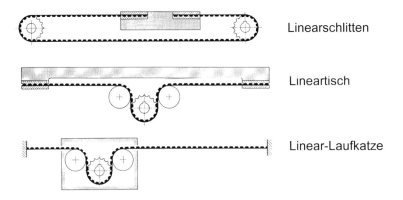

Bild 4.3 Linearantriebe (sog. Linearachsen) mit Zahnriemen (Quelle: Breco Antriebstechnik Breher, Porta Westfalica)

Bedeutsam ist auch, Linearantriebe mit Zahnriemen einfach und kostengünstig aufbauen zu können. Für viele Handlingaufgaben in der Automatisierungstechnik, z.B. für das Be- und Entladen von Werkzeugmaschinen, lassen sich solche Systeme vorteilhaft einsetzen. Eine Reihe von Firmen bieten fertig montierte Linearantriebe an, **Bild 4.5**.

In der Lineartechnik mit Zahnriemen werden überwiegend solche aus PU benutzt, da die verwendeten Stahllitze-Zugstränge sehr kleine Dehnungswerte besitzen und die eingestellten Vorspannungswerte stabil halten.

Bei der Gestaltung derartiger Antriebe ist zu beachten, dass die minimal möglichen Biegeradien des Riemens durch das Einhalten der Mindest-Scheibenzähnezahlen und einer Mindestgröße der Umlenkrollen nicht unterschritten werden. Da häufig kleine Baugrößen erwünscht sind und die Zahnscheiben diese maßgeblich bestimmen, versucht man durch den Einsatz von besonders biegewilligen Sonderzugsträngen im Riemen (z.B. so genannter E-Zugstrang mit vielen dünnen Filamenten aus Stahl) sehr kleine Mindest-Scheibenzähnezahlen zu erreichen.

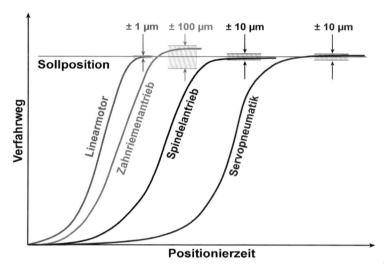

Bild 4.4 Positioniergenauigkeiten verschiedener Linearantriebe im Vergleich /A16/

Die Einspannstelle, z.B. im Schlitten, sollte bei hohen Belastungen formgepaart ausgeführt sein und ohne Verletzung der Zugstränge auskommen. Passende Klemmplatten, die ähnlich einer Zahnstange in die Riemenverzahnung eingreifen, sind handelsüblich /F1/, /F2/.

Auch in der Lineartechnik muss die Vorspannkraft eine bestimmte Mindestgröße haben, um bei kritischen Betriebszuständen eine sichere Bewegungsübertragung zu gewährleisten. Da sich die Trumlängen des Riemens bei Bewegung ständig ändern, gilt als kritische Lage eine Schlittenstellung nahe dem Antrieb. Insbesondere bei großen Längen und hoher Belastung muss in dieser Stellung die Lasttrumdehnung von einem sehr kleinen Leertrum kompensiert werden. Daher sind relativ hohe Vorspannwerte erforderlich. Jedoch ändert sich mit der Vorspannkraft auch die wirksame Teilung des Riemens, deshalb wird dieser mit einer so genannten Minusteilung produziert. Das bedeutet, dass der Zahnriemen im Lieferzustand als zu klein erscheint und erst mit dem richtigen Vorspannen Teilungsgleichheit mit der Zahnscheibe erreicht. Dem genauen Einstellen der notwendigen Vorspannkraft ist also besonderes Augenmerk zu widmen, da sich Teilungsunterschiede zwischen Riemen und Scheibe direkt in Abweichungen vom Soll-Vorschubweg niederschlagen. Während die Positionierabweichung (Unterschied zwischen Ist- und Sollposition) also direkt über die Vorspannkraft beeinflussbar ist, bleibt die Wiederholgenauigkeit weitestgehend konstant. Häufig lässt sich dieses Verhalten sogar ausnutzen, in dem man die Vorspannkraft so lange verändert, bis die geringsten Positionierabweichungen gemessen werden. Diese Kraft stellt dann den Wert für die Serienfertigung dar, der aber mittels geeigneter Messtechnik an jedem einzelnen Antrieb genau zu kontrollieren ist (s. Kapitel 6.4).

Die Dimensionierung von Zahnriemen in Linearantrieben beschreibt Kapitel 5.4.

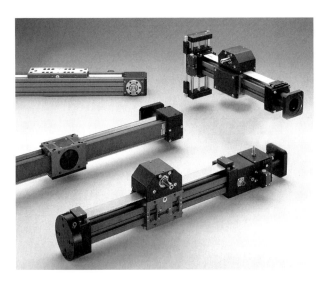

Bild 4.5 Linearantriebe mit Zahnriemen (Quelle: GAS-Automation, St. Georgen)

4.3 Transporttechnik

In der Transporttechnik mit Zahnriemen werden überwiegend solche aus Polyurethan verwendet, da diese eine Reihe von Vorteilen aufweisen. Einerseits lassen sie sich sehr leicht in Meterware herstellen und deren Enden wieder verbinden, so dass ein endloser Riemen beliebig großer Länge entsteht. Zum Verbinden der Enden sind in diese geeignete V-förmige oder kammartige Aussparungen einzubringen und anschließend zu verschweißen, **Bild 4.6**. Da bei dieser Technologie nur das Polyurethan verschweißt wird und nicht die Zugstränge, muss ein Abschlag von etwa 50 % der Belastbarkeit gegenüber einem normalen Riemen hingenommen werden.

Bild 4.6 Gestaltung der Riemenenden zum Verschweißen (links); lösbare Nocken vom Typ ATN (rechts; Quelle: Breco Antriebstechnik Breher, Porta Westfalica)

Andererseits ist diese Schweißbarkeit des Polyurethans sehr gut geeignet, auf dem Riemenrücken aufgabenspezifisch geformte Nocken in definierten Abständen zu befestigen, **Tabelle 4.1**. Diese Nocken können auch so gestaltet sein, dass Borsten eingelassen sind. Somit entstehen Zahnriemen für Reinigungszwecke oder aber auch zum Transport von empfindlichsten Gütern.

Tabelle 4.1 Möglichkeiten der Nockengestaltung und Anwendungsbeispiele (Auswahl aus /F2/)

Typ 1: Nocken und Zahnriemen aus einer Form - Genauigkeit des Nockenabstandes ± 0,05 mm			
Typ 2: Nocken nachträglich aufgeschweißt - kundenspezifische Abstände - Genauigkeit des Nockenabstandes ± 0,5 mm - hunderte Nockenformen verfügbar			

Tabelle 4.1 Fortsetzung

Typ 3: Nocken mit eingebetteten Borsten (v.l.n.r.: Messingdraht, Nylon, Rosshaar)	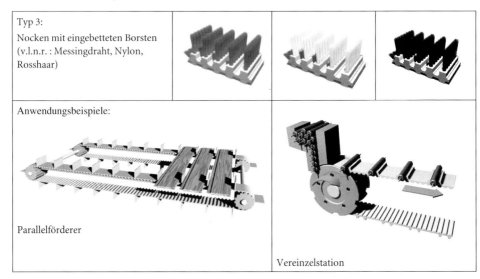
Anwendungsbeispiele: Parallelförderer	Vereinzelstation

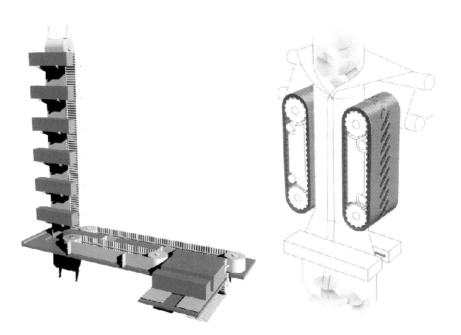

Bild 4.7 Anwendungen in der Transporttechnik: Aufbau eines Stauförderers unter Verwendung von Spurzahnbändern (links; /F2/); Aufhalten eines Schlauchbeutels zur Befüllung (rechts; /A40/)

Um die Flexibilität insbesondere bei Produktumstellungen zu steigern, wurde das System der lösbaren Nocken mit der Profilbezeichnung ATN entwickelt, Bild 4.6 rechts. Damit können z.b. bei Änderungen des Transportgutes nicht nur die Nocken schnell und kostengünstig durch den Anwender selbst ausgewechselt, sondern auch der Nockenabstand innerhalb eines im Riemen realisierten Rastermaßes verändert werden. Aber nicht nur Nocken, sondern auch verschiedenste Beschichtungen lassen sich auf PU-Zahnriemen realisieren, wie z.b. Schaumstoffe zum Transport empfindlicher Güter, **Tabelle 4.2**.

Tabelle 4.2 Beschichtungen von Zahnriemen (Auswahl aus /F2/)

Name der Beschichtung:	NP 385	Porol	Supergrip
Werkstoff:	Polyurethan	Zellkautschuk	PVC
typische Eigenschaft:	Punktauflage	weiche Schaumqualität	hoher Reibwert
Anwendung (Beispiele):	Transport mit Öleinfluß, Steilförderer, Glasindustrie	Transport empfindlicher Teile, Textilindustrie	Schrägförderer, Transport leichter Güter
Name der Beschichtung:	HV1-Folie	Linatex	PAR
Werkstoff:	Polyurethan	Naturkautschuk	Polyamid
typische Eigenschaft:	gute Abriebfestigkeit	Flexibilität bei niedrigen Temperaturen	geringer Reibwert
Anwendung (Beispiele):	Lebensmittelindustrie, Kartonagentransport	Transport mit hoher Friktion, Papierindustrie	leichte Stauförderer

Bild 4.7 zeigt zwei Anwendungen aus der Transporttechnik, wobei das Verwenden von selbstführenden Zahnriemen (wie z.B. das so genannte „Spurzahnband" – eine

Kombination aus Zahn- und Keilriemen) das Weglassen der Bordscheiben an den Zahnscheiben gestattet, was für einige Transportaufgaben sehr nützlich ist. Da der Zahnriemen auch perforiert und somit luftdurchlässig gestaltet werden kann, ist es möglich, mittels Unterdruck Transportgut anzusaugen. Die Dimensionierung des Zahnriemens erfolgt anhand der auftretenden Belastungen (vgl. Kapitel 5.5).

4.4 Spannsysteme

Zahnriemen benötigen eine Vorspannung, die häufig durch Spannsysteme zu erzeugen ist, wenn das Getriebe einen festen Achsabstand besitzt oder der Riemen nicht durch Abstandsänderung einer der Wellen gespannt werden kann. Derartige Systeme sollten stets im Leertrum (vgl. Kapitel 1) wirken. Der Aufbau reicht von einfachen Rollen bis hin zu automatisch arbeitenden Spannsystemen. Während eine einfache Spannrolle die Größe der Vorspannkraft konstant hält und häufig in industriellen Anwendungen eingesetzt wird, erzeugen automatisch arbeitende Systeme die notwendigen Vorspannkräfte in Abhängigkeit vorhandener Belastungen im Riemen, wie es z.B. im Kfz-Nockenwellenantrieb erforderlich ist. Dies geschieht durch Anpassung der Lage der im System integrierten Spannrolle mittels einer geeigneten Mechanik, womit dauernd wirkende hohe Vorspannungen vermieden werden.

4.4.1 Spannrollen

Spannrollen können auf dem Riemenrücken oder auf der Verzahnung des Riemens laufen. Häufig ordnet man sie innen liegend an (**Tabelle 4.3**) und führt sie als Zahnscheibe aus. Damit wird der Riemen nur mit schwellenden, nicht aber wechselnden Biegespannungen belastet. Soll eine innen angeordnete und somit auf der Riemenverzahnung laufende Spannrolle glatt ausgeführt werden, muss sie einen größeren Durchmesser aufweisen als eine vergleichbare verzahnte Rolle.

Spannrollen, die mit dem Riemenrücken im Kontakt stehen, sind außen glatt und aus Gründen der dann auftretenden Biegewechselbelastung des Riemens deutlich größer zu wählen als solche, die auf der Riemenverzahnung laufen. Für die Größe der Spannrollen gibt es Mindestdurchmesser, die vom Riemenprofil und von der Anordnung abhängig sind. Als Richtwert gilt, dass die Spannrolle nicht kleiner als die kleinste belastete Zahnscheibe gewählt werden sollte.

Spannrollen können ebenso wie Zahnscheiben auch mit ein- oder beiderseitig angeordneten Bordscheiben ausgeführt werden, um den Zahnriemen zu führen. Bei dessen Montage ist darauf zu achten, dass Mindestverstellwege für die Spannrolle erforderlich sind, um den Riemen gewaltfrei auflegen zu können. Darüber hinaus findet bei Zahnriemen mit Glasfaser-Zugsträngen nach einer Einlaufphase von wenigen Betriebsstunden ein Setzen derselben statt, was zu einer Längung des Riemens führt. Bis zu 20 % kann der damit verbundene Verlust der Vorspannkraft betragen. Derartige Zahnriemen sind deshalb nachzuspannen. Stahllitze-Zugstränge besitzen dieses Setzverhalten nicht bzw. nicht in dieser Größe, so dass PU-Zahnriemen in der Regel nicht nachgespannt werden müssen.

Tabelle 4.3 Mindestgrößen von glatten und verzahnten Spannrollen

Zahnriemen-Profile	Zahnriemen-Basiswerkstoff	Zähnezahl einer verzahnten Spannrolle, innen	Durchmesser einer glatten Spannrolle, außen [mm]	Durchmesser einer glatten Spannrolle, innen [mm]	Literatur
	PU Polyurethan CR Gummi-Elastomer				
T2; T2,5	PU	10	15	15	/F2/
AT3	PU	15	20	20	/F2/
T5	PU	10	30	30	/F2/
AT5	PU	15	60	25	/F2/
T10	PU	12	60	60	/F2/
AT10; ATP10	PU	15	120	50	/F2/
T20	PU	15	120	120	/F2/
AT20	PU	18	180	120	/F2/
GT2-8MR	PU	22	nicht verwenden	100	/F21/
GT2-14MR	PU	28	nicht verwenden	175	/F21/
GT3-2MR	CR	10	ab ca. 6,5	ab ca. 25	/F24/
HTD3M; GT3-3MR	CR	9	ab ca. 10	ab ca. 40	/F24/
HTD5M; GT3-5MR	CR	14	ab ca. 22	ab ca. 65	/F24/
HTD8M	CR	18	ab ca. 50	ab ca. 100	/F24/
HTD14M	CR	28	ab ca. 125	ab ca. 180	/F24/
HTD20M	CR	34	ab ca. 220	ab ca. 250	/F24/

Spannrollen sind handelsüblich und werden mit Lagern sowie teilweise auch mit Exzenter angeboten (**Bild 4.8**). Ist die gewünschte Vorspannung eingestellt und geprüft (s. Kapitel 6.4), so muss man die Lage der Spannrolle fixieren, um die Vorspannkraft dauerhaft zu sichern.

Übliche Werkstoffe für Spannrollen sind Stahl, hochfeste Aluminiumlegierungen (z.B. AlCuMgPb-F38 /F2/) oder Kunststoffe (z.B. PA6, PA66 mit Glasfaser- oder Glaskugelverstärkung).

Bild 4.8 Ausführungen von Spannrollen (Quelle: Litens Automotive Group, Woodbridge)

4.4.2 Automatische Spannsysteme

Einfache Spannsysteme arbeiten nur mit einer Feder und einem Dämpfungselement. Es ist darauf zu achten, dass es im Betrieb des Getriebes nicht zu Resonanzerscheinungen kommt, da diese sowohl zu erheblichen Schwingungsamplituden des Riementrums als auch zum Überspringen desselben über die Scheibenverzahnung führen könnten.

Gegenüber starren Spannrollen reagieren automatisch arbeitende Spannsysteme auf Belastungsschwankungen und werden z.B. im Kfz beim so genannten Steuertrieb, also dem Antrieb der Nockenwellen, eingesetzt. Hier wirken die realen Belastungen häufig so dynamisch, dass die Mechanik des Systems nicht immer exakt folgen kann. Es wird daher hauptsächlich ein Ausgleich der Grundschwankungen der Trumkraft bewirkt. Große Trumkraftänderungen mit sehr kleiner Frequenz treten z.B. durch Temperaturdrift auf. Würde kein automatischer Ausgleich der Spannkraft durchgeführt, könnte z.B. die mit der Temperaturerhöhung verbundene Motorausdehnung zu derartigen Achsabstands- und somit Trumkraftänderungen im Zahnriemengetriebe führen, dass ein vorzeitiger Ausfall des Zahnriemens wahrscheinlich ist, **Bild 4.9**.

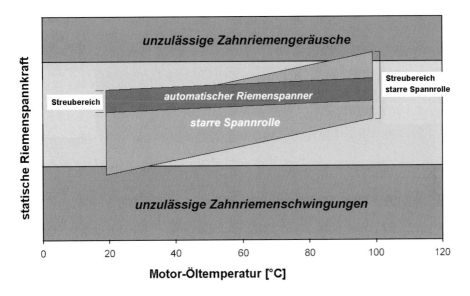

Bild 4.9 Statische Riemenspannung im Kfz-Nockenwellenantrieb als Funktion der Temperatur /A10/

Bild 4.10 Automatische Riemenspanner (Quelle: Schaeffler, Herzogenaurach): mit Feder und Doppelexzenter für Zahnriemen (links); mit Hydraulik für größere Spannwege, z.B. für Keilrippenriemen im Kfz-Nebenaggregatetrieb (rechts)

Spannsysteme im Kfz sind häufig mit Doppelexzenter ausgeführt, mit einem Einstell- und einem Betriebsexzenter. Der Einstellexzenter dient der Montage des Riemens und der Realisierung einer Vorspannkraft im Ruhezustand des Motors. Im montierten Zustand, also mit fixiertem Einstellexzenter, erfolgt das Aufbringen der benötigten Riemenspannung dann ausschließlich durch Bewegen des Betriebsexzenters. Diese Bewegung wird bei Zahnriemengetrieben in der Regel mittels Feder, bei anderen Riemengetrieben auch mit Hydraulik erzeugt, **Bild 4.10**.

Da die Spannsysteme direkt in die Dynamik des kompletten Antriebsstranges eingreifen, muss deren Dimensionierung häufig über Simulationsrechnungen vorgenommen werden /A10/, /A11/, /A44/.

4.4.3 Dehnungsausgleichende Spannplatte

In der Lineartechnik (vgl. Kapitel 4.2) ändern sich bei Bewegen des Zahnriemens die Trumlängen ständig. Insbesondere bei Linearschlitten mit großer Riemenlänge kommt es bei Schlittenpositionen nahe der Antriebsscheibe zu sehr kleinen Verhältnissen von Leer- zu Lasttrumlänge. Infolge großer tangentialer Belastungen kann dabei im Leertrum ein vorspannungsloser Zustand auftreten. Damit verbunden sind das Herausdrücken der Riemenverzahnung aus der Scheibe und die Abnahme der Anzahl der an der Kraftübertragung beteiligten Zahnpaare sowie eine erhebliche Deformation der Riemenverzahnung. Dies kann zu starken Störungen im Betriebsverhalten bis hin zum Überspringen des Riemens über die Verzahnung der Scheibe führen. Zum Vermeiden dieser Störungen setzt man bisher entweder zusätzliche Führungsrollen unmittelbar am Leertrumeinlauf der Antriebsscheibe auch unter der Gefahr ein, dass der entspannte Leertrum eine Schlaufe bilden kann. Oder man erhöht die Vorspannkraft deutlich, mit der Folge einer möglicherweise problematischen Lagerbelastung.

In /B10/ wird daher eine Neuentwicklung insbesondere für den Einsatz in vertikal angeordneten Linearantrieben beschrieben, die der totalen Entspannung des Leertrums durch eine federnd gestaltete Befestigung eines der beiden Riemenenden im Schlitten entgegenwirkt (**Bild 4.11**). Während ein Ende im Schlitten starr montiert ist, lässt sich das andere mit Hilfe der Führungselemente gegen die Druckkraft der Federn linear verschieben. Das Vorspannen derselben erfolgt über die Vorspannkraft des Getriebes. Durch geeignete Steifigkeiten der Federn lassen sich Trumkraftaufbau bzw. -abbau im Last- und Leertrum so aufteilen, dass die Belastung in beiden Trumen jeweils etwa zur Hälfte wirksam ist. Damit wird bei gleicher Belastbarkeit neben dem

Vermeiden des kraftlosen Zustandes im Leertrum auch ein Absenken der notwendigen Vorspannkraft erreicht.

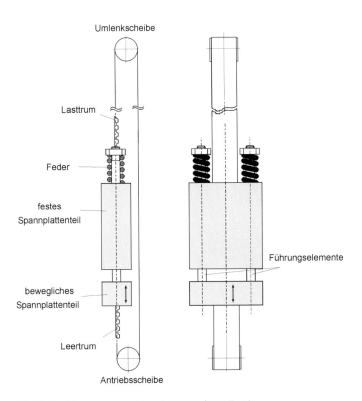

Bild 4.11 Dehnungsausgleichende Spannplatte /B10/

4.4.4 Spannring

Das Spann- und Dämpfungselement unter der Markenbezeichnung Roll-Ring® besteht aus zwei elastischen Ringen, die durch an Zahnteilung und -profil angepasste, lamellenförmige Zahnstege miteinander verbunden sind. Dieses Element wird zwischen den Trumen des Getriebes positioniert, wobei die spezielle Geometrie eine Lagefixierung sowohl in seitlicher Richtung als auch bezüglich der Position zwischen den Scheiben garantiert. Die Elastizität des Ringes bewirkt beim Einsetzen zwischen den Riementrumen eine Spannung derselben. Bei Drehmomentübertragung und den damit verbundenen Trumkraftänderungen von Last- und Leertrum verschiebt sich die Lage des Ringes in Richtung des Leertrums um den Betrag Δa, **Bild 4.12**.

Der Vorteil dieses Spannelementes liegt darin begründet, dass im Stillstand des Getriebes fast keine Vorspannkräfte aufgebracht werden müssen. Außerdem reagiert der Roll-Ring je nach Höhe der Getriebebelastung mit einer spezifischen Stauchung und passt somit die Vorspannkraft selbständig an die wirkenden Kräfte an. Ein Überspringen des Riemens infolge zu kleiner Leertrumkräfte ist daher ausgeschlossen /A69/. Der Nachteil dieses Systems liegt in der zusätzlichen realisierten Nachgiebigkeit, so dass in der Genauigkeit zwischen An- und Abtriebsbewegung mit zusätzlichen Abweichungen zu rechnen ist. Dieser Nachteil bewirkt aber auf der anderen Seite auch die Chance einer wirkungsvollen Dämpfung von Drehmomentstößen.

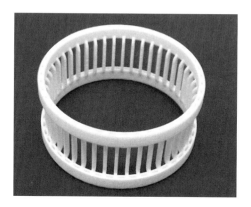

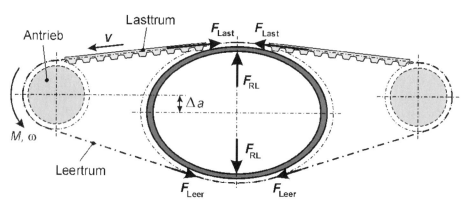

Bild 4.12 Spann- und Dämpfungselement Roll-Ring (Quelle: TU Chemnitz, Institut für Allgemeinen Maschinenbau und Kunststofftechnik): Ausführung des Roll-Rings (oben); Getriebe im Lastzustand bei Übertragung eines Drehmomentes (unten)

4.5 Sonderkonstruktionen und -getriebe

Eine Vielzahl von Sonderkonstruktionen bereichert das Gebiet der Zahnriemengetriebe und ermöglicht bisweilen erst durch diese Ausführungen deren erfolgreichen Einsatz. Nachfolgend sollen wesentliche Entwicklungen und Konstruktionen gezeigt werden, um Anregungen zu geben.

4.5.1 Schrägverzahnung

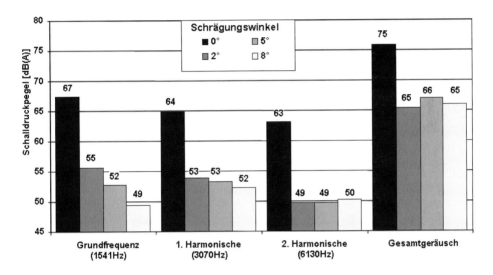

Bild 4.13 Vergleich gemessener Schalldruckpegel von Zahnriemen mit verschiedenen Schrägungswinkeln (Profil: HTD3M, 3500 U/min, jeweils 25 mm breiter Zahnriemen, nach /A33/)

Bei der üblicherweise angewandten Geradverzahnung ist die Profilgeometrie von Riemen und Scheiben entlang der Breite konstant. Doch auch Schrägverzahnungen, wie sie aus der Zahnradtechnik hinlänglich bekannt sind und dort bevorzugt wegen ihrer höheren Tragfähigkeit und besseren Laufruhe eingesetzt werden, lassen sich mit Zahnriemengetrieben realisieren. Da diese bei geräuscharmen Antrieben aufgrund ihrer inneren Dämpfung bereits mit Geradverzahnung häufig zum Einsatz kommen, sind weitere Vorteile mit Schrägverzahnung zu erwarten. Mit Schrägungswinkeln zwischen 2° und 8° wurden sie auch nachgewiesen, **Bild 4.13**. Die mit dem Winkel entstehenden axialen Kräfte bewirken jedoch eine verstärkte Ablaufneigung des Riemens, der mit Bordscheiben entgegengewirkt werden muss. Daher ist die Größe dieses Winkels begrenzt. Ein Einsatzbeispiel für schrägverzahnte Riemen ist das System der Lenkhilfe im Pkw.

4.5.2 Selbstführende Zahnriemen

In manchen Anwendungen sind Bordscheiben hinderlich, weshalb man selbstführende Zahnriemen entwickelte. Zu diesen, sich selbst auf der Scheibe zentrierenden Riemen gehören die Pfeil-, die Bogenverzahnung BATK sowie die versetzte Verzahnung SFAT **(Bild 4.14)**, das Spurzahnband und andere Spezialprofile /F8/, /F2/. Bei der Bogenverzahnung verlässt man sich aber nicht ausschließlich auf deren Zentrierwirkung, sondern unterstützt diese durch ein zusätzliches keilförmiges Profil in Riemenmitte.

Bild 4.14 Selbstführende Zahnriemen: Pfeilverzahnung (links, /F8/); Bogenverzahnung BATK (mitte, /F2/); versetzte Verzahnung SFAT (rechts, /F2/)

Pfeil- und Bogenverzahnung sind darüber hinaus für geräuscharme Antriebe ideal, da die Zähne allmählich in die Scheibe einlaufen und die Luft aus der Scheibenlücke nicht stoßartig herausgedrückt wird. Der ohnehin kleine Polygoneffekt von Zahnriemengetrieben ist hier praktisch nicht mehr nachweisbar, so dass auch das Anregen von Schwingungen vermindert wird. Diesen Vorteilen steht der Nachteil der aufwendigeren Scheibenfertigung entgegen, was sich in den Kosten niederschlägt.

Die Pfeilverzahnung ist in PU- und Gummi-Ausführung erhältlich /F8/, die Bogenverzahnung und die Profile mit versetzter Verzahnung sind nur als PU-Variante bekannt /F2/.

4.5.3 Ungleichmäßig übersetzende Zahnriemengetriebe

Ungleichmäßig übersetzende Getriebe sind in der Technik in vielfältigen Bauformen bekannt, häufig kommen Koppelgetriebe zur Anwendung. Obwohl Zahnriemengetriebe zu den gleichmäßig übersetzenden Getrieben zählen, lassen sich auch solche mit nicht konstanter Übersetzung realisieren. Befindet sich z.B. die reale Drehachse einer Zahnscheibe deutlich außerhalb der Mitte, bewirkt eine Drehung derselben erhebliche Kraft- und Geschwindigkeitsschwankungen im Riemen. Daher ist man im Normalfall bestrebt, derartige Exzentrizitäten möglichst klein zu halten.

Bei der gezielten Verwendung von unrunden Zahnscheiben wird dieser Effekt bewusst genutzt, zum einen um die durch die Antriebsaufgabe wirkenden Belastungen mit den durch die ovale Form hervorgerufenen Kraftschwankungen zu kompensieren, s. Kapitel 4.5.3.1. Zum anderen kann man relativ große Übersetzungsschwankungen erreichen, wenn mehrere Zahnscheiben unrund sind, deren Ovalität aber in Größe und Phasenlage genau aufeinander abgestimmt werden müssen, um in jeder Getriebestellung eine konstante Umschlingungslänge zu garantieren, s. Kapitel 4.5.3.2.

4.5.3.1 Ovalradtechnik

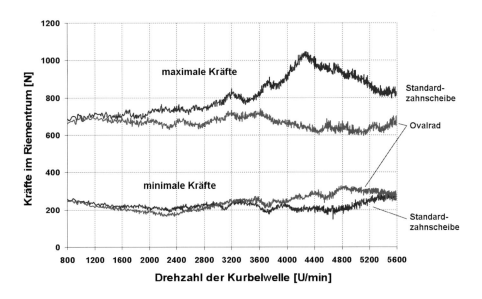

Bild 4.15 Reduzierte Riemenkräfte bei Getriebe mit Ovalrad /A12/

Als Ovalradtechnik wurde erstmalig die Anwendung einer geringfügig unrunden Zahnscheibe im Steuertrieb (Nockenwellenantrieb) eines Kfz bezeichnet. Mit dieser gezielten Unrundheit sind sinusförmige Kraftschwankungen im Riemen erzeugbar, die bei richtiger Phasenlage der Scheibe den Belastungen im Riemen entgegengerichtet wirken. Somit lassen sich sehr wirkungsvoll und relativ einfach Kraftspitzen im Riemen reduzieren und Kraftminima anheben, **Bild 4.15**. Die in /A12/ angegebenen Werte von 35 % Kraftreduzierung, 50 % kleinere Verdrehwinkelabweichung zwischen Kurbel- und Nockenwelle und einer um ca. 30 % höheren Lebensdauer sind beeindruckend. Im Jahre 2004 wurde dieses von ContiTech gemeinsam mit der kanadischen Litens Automotive Group entwickelte System für die TFSI-Motoren von Audi erstmals vorgestellt /A31/.

4.5.3.2 Erzeugen von Übersetzungsschwankungen

Mit ungleichmäßig übersetzenden Getrieben können bestimmte vorgegebene Übersetzungsverläufe oder auch zeitweise Verzögerungen von Bewegungen realisiert werden. Derartige Getriebe mit Zahnriemen bestehen aus unrunden bzw. exzentrisch gelagerten runden Zahnscheiben mit ortsfester Drehachse und einem Zahnriemen, **Bild 4.16**. Es sind sowohl Zwei- als auch Dreiwellengetriebe in Anwendung /F18/.

Die Schwierigkeiten beim Aufbau dieser Getriebe liegen in der Festlegung der notwendigen Geometrie der Scheiben. Diese sind so aufeinander abzustimmen, dass in jeder Getriebestellung die Umschlingungslänge des Riemens gleich groß ist. Damit wird das konstante Niveau der Riemenvorspannung gewährleistet. Die Scheibenumfänge müssen zudem ganzzahlige Vielfache der Riementeilung sein, die Krümmungsradien der Scheiben dürfen die minimal zulässigen Biegeradien des Zahnriemens nicht unterschreiten und die Scheibenkonturen sind so zu gestalten, dass das Getriebe den geforderten Übersetzungsverlauf aufweist. Die Geometrie der Scheiben kann nur in Ausnahmefällen analytisch bestimmt werden. In der Regel benutzt man ein aufwendiges Iterationsverfahren /B9/.

Für die Aufgabe, die Scheibenformen und -positionen eines Zahnriemengetriebes mit vorgegebener Übersetzungsschwankung zu bestimmen, lassen sich theoretisch beliebig viele Lösungen finden. Unter Beachtung technisch und wirtschaftlich relevanter Parameter, wie

- Anforderungen an den Übersetzungsverlauf,
- Einsatzbedingungen von Zahnriemen (z.B. minimaler Biegeradius),
- Vereinfachen von Fertigung und Montage,

lässt sich die Anzahl auf vier sinnvolle Ausführungsvarianten einschränken, die in Abhängigkeit der gewünschten Anwendung eingesetzt werden. **Tabelle 4.4** stellt die Varianten vergleichend gegenüber.

Tabelle 4.4 Ausführungsvarianten ungleichmäßig übersetzender Zahnriemengetriebe, nach /B9/

Getriebeart	Zweiwellengetriebe	Dreiwellengetriebe Variante 1	Dreiwellengetriebe Variante 2	Dreiwellengetriebe Variante 3
Kennwerte: u_1, u_2, u_3 Umfangslängen der Scheiben; $\varphi_1, \varphi_2, \varphi_3$ Phasenwinkel der Scheiben				
Scheibe 1 (Antrieb)	Parallelkurve einer Ellipse	exzentrische Kreisscheibe	elliptische Scheibe, brennpunktgelagert	exzentrische Kreisscheibe
Scheibe 2 (Abtrieb)	Ausgleichsrad unrund ($u_2 = 0,5 \cdot u_1$)	identisch mit Rad 1 (phasenverschoben montiert)	identisch mit Rad 1	zentrische Kreisscheibe mit $u_2 \neq u_1$
Scheibe 3	entfällt	Ausgleichsrad unrund ($u_3 = u_2 = u_1$)	Ausgleichsrad unrund ($u_3 = u_2 = u_1$)	Ausgleichsrad unrund mit $u_3 = u_1$
mittlere Übersetzung	0,5	1	1	beliebig (abhängig von Verhältnis $u_1 : u_2$)
max. Übersetzungsschwankung	≈ 3	$\approx 2,3$	≈ 8	$\approx 2,3$
Übersetzungsverlauf	kurzzeitige Übersetzungsspitze	sinusförmig	sehr kurzzeitige Übersetzungsspitze	annähernd sinusförmig
Eigenschaften	geringer Bauraum, kostengünstig, Vorgabe Achsabstand nicht möglich	Vorgabe Achsabstand möglich, vereinfachte Fertigung (Rad 1 und 2 identische Kreisscheiben)	Vorgabe Achsabstand möglich, sehr hohe Übersetzungsschwankung möglich	Vorgabe Achsabstand möglich, mittlere Übersetzung beliebig

Spezifische Softwaremodule zur einfacheren Handhabung der aufwendigen Algorithmen sind für Zwei- bzw. Dreiwellengetriebe bekannt /W2/.

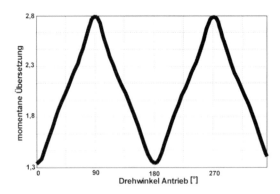

Bild 4.16 Übersetzungsverlauf und Modell eines ungleichmäßig übersetzenden Zahnriemengetriebes (Quelle: WIAG Antriebstechnik, Lippstadt)

4.5.4 Hochübersetzende Zahnriemengetriebe

Mit Zahnriemengetrieben lassen sich im Normalfall nur kleine Übersetzungen bei zugleich relativ großem Bauraum realisieren. Davon abweichend werden nachfolgend zwei Prinzipe vorgestellt, mit denen große Übersetzungen in einer Stufe erreichbar sind.

a) Hochübersetzendes Getriebe mit Spezialverzahnung

In Bild 4.17 dient ein doppeltverzahnter Riemen mit unterschiedlicher Zähnezahl auf beiden Seiten als übersetzungsbestimmendes Element, d.h. die Vorderseite des Riemens besitzt eine Zähnezahl von x, die der Rückseite von y. Bewegt sich der Zahnriemen und stehen die beiden Riemenseiten jeweils mit einer Zahnscheibe in

Eingriff, sind deren Drehzahlen auch bei gleicher Scheibenzähnezahl unterschiedlich groß. Dieser Unterschied wird als Abtriebsbewegung des Getriebes genutzt. Da eine Zähnezahldifferenz von Vorder- zu Rückseite des Riemens von lediglich Eins herstellbar ist, sind sehr große Übersetzungen möglich. Eine vergleichsweise hohe Riemengeschwindigkeit als Antriebsbewegung kann somit in eine sehr kleine Geschwindigkeit als Abtriebsbewegung umgeformt werden. Konstruktiv lässt sich dieses Prinzip als linear oder auch als rotatorisch arbeitendes Getriebe aufbauen /A36/.

Bild 4.17 Hochübersetzende Getriebe für lineare Bewegungen nach /A37/: Anordnung der Zahnscheiben im Schlitten (links); Funktionsmuster eines Linearantriebes mit angekoppeltem Weg-Mess-System und einstellbarer Übersetzung zwischen $i = 11$ und $i = 20652$ (rechts)

Da sowohl die Zähnezahlen des Zahnriemens als auch die der Zahnscheiben die Übersetzung des Getriebes bestimmen, sind durch geschickte Kombinationen eine Vielzahl von Werten mit nur einem Sonderzahnriemen realisierbar, **Bild 4.18**. Dabei wird hier als Übersetzung das Verhältnis von An- zu Abtriebsweg verstanden, d.h. bei einem Wert von 20652 sind genau 20652 mm Riemenlänge an der Antriebsscheibe zu bewegen, um den Schlitten um 1 mm zu verfahren. Bei einer Antriebsscheibe mit beispielsweise 20 Zähnen und der Teilung von 5 mm ergeben 206,52 Umdrehungen derselben eine Schlittenbewegung von lediglich 1 mm.

Folgende allgemeinen Vorteile dieses Prinzips sind erkennbar:
- Übersetzungen durch Wahl geeigneter Zähnezahlen von Riemen und Scheiben in Stufen einstellbar,
- extrem hohe Übersetzungen in einer Stufe möglich,
- Zahnriemen mit derartiger Sonderverzahnung sind technologisch unproblematisch herstellbar,

- Eignung für rotatorische oder translatorische Abtriebsbewegungen,
- einfacher Getriebeaufbau,
- Nutzung der allgemeinen Vorteile von Zahnriemengetrieben, wie z.B. Spielarmut und Wartungsfreiheit.

Bild 4.18 Erreichbare Übersetzungen bei Getriebe nach Bild 4.17b /A37/

b) Hochübersetzendes Getriebe mit handelsüblichen Zahnriemen

In /A38/ ist die spezielle Konstruktion eines Linearantriebes vorgestellt, mit der Übersetzungen von etwa $i = 100$ zwischen rotatorischer Antriebs- und linearer Abtriebsbewegung erreichbar sind. Hier beruht die Übersetzung auf dem Verwenden zweier handelsüblicher Zahnriemengetriebe, wobei sich ein Getriebe vollständig im Schlitten angeordnet befindet, **Bild 4.19**. Die Geschwindigkeit des Antriebsriemens wird mittels verschieden großer Zahnscheiben mit Zähnezahlen von z_2 und z_5 im Schlitten zunächst in unterschiedliche Drehzahlen umgeformt. Koppelt man beide Zahnscheiben über ein zweites Zahnriemengetriebe mit Scheibenzähnezahlen z_3 und z_4 miteinander, wird ein zusätzlicher Freiheitsgrad benötigt, um die Riemen nicht zu zerreißen. Dieser ist als lineare Abtriebsbewegung des Schlittens nutzbar. Derartige Getriebe sind als Cybergear bekannt und werden z.B. in Dosierautomaten der Firma Cybertron, Berlin eingesetzt.

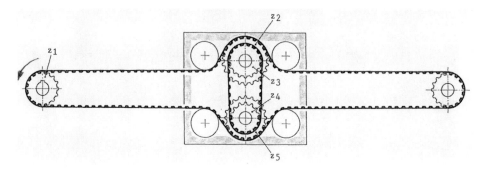

Bild 4.19 Prinzip eines Cybergear-Getriebes /F23/

4.5.5 Zahnriemenschloss

Zahnriemenschlösser nach /F19/ ermöglichen das lösbare Verbinden der Enden eines endlichen, auch als Meterware bezeichneten, Zahnriemens, **Bild 4.20**. Diese erhalten dafür spezielle Aussparungen, in welche Standardteile als Verbindungselemente eingesetzt und miteinander verschraubt werden. Die Flexibilität des Riemens bleibt weitestgehend erhalten, und er ist über diese Verbindungsstelle hinweg gegenüber einem endlosen Zahnriemen zu etwa 50 % belastbar.

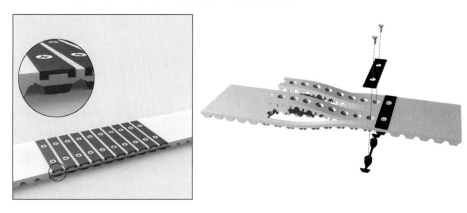

Bild 4.20 Zahnriemenschloss /F19/

Mit dieser Lösung kann das Schließen des Riemens z.B. während eines Anlagenaufbaus im, eventuell auch nahezu kompletten, Montagezustand erfolgen. Die gesamte Anlagenkonstruktion lässt sich unter Umständen vereinfachen und Bauvolumen sparen. Zahnriemenschlösser sind bisher für die Profile T10 und AT10 erhältlich.

4.5.6 Winkelgetriebe

Als Winkelgetriebe bezeichnet man solche, in denen die Achse des Abtriebs gegenüber der des Antriebs verdreht ist. Mit Zahnriemengetrieben lassen sich sehr einfach Winkelgetriebe unter Beachtung einiger Hinweise aufbauen, **Bild 4.21**. Wichtig ist, dass der Riemen grundsätzlich nur geschränkt, also in Trum-Längsrichtung um einen Winkel verdrillt werden darf. Aufgrund dessen entstehen jedoch zusätzliche Spannungen entlang der Riemenbreite, so dass die im Elastomer eingebetteten Zugstränge unterschiedlich stark gedehnt werden. Um Grenzbelastungen nicht zu überschreiten, sollte die Trumlänge L_T mindestens 20-mal größer als die Riemenbreite b_s sein, Gl. (4.1). Andernfalls sind Leistungseinbußen möglich.

$$L_T \geq 20 \cdot b_s \tag{4.1}$$

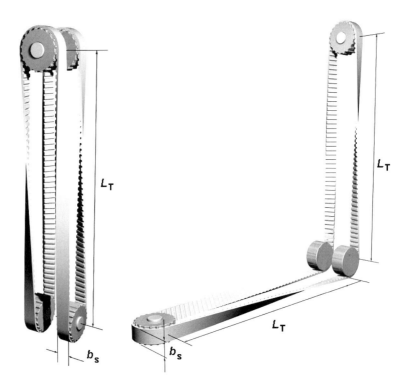

Bild 4.21 Winkelgetriebe mit Zahnriemen /F2/: Abtriebswelle um 90° gegenüber Antrieb verdreht (links); Abtriebswelle um 90° gegenüber Antrieb verdreht und zusätzlich geneigt (rechts)

4.5.7 Medienführende Zahnriemen

Für einige Anwendungen kann es nützlich sein, elektrische Energie oder Informationen, Druckluft, Vakuum oder andere Medien direkt durch den Riemen zu leiten und an bestimmten Stellen einer Nutzung zuzuführen.

In /A39/ wird das Leiten von elektrischem Strom durch im Zahnriemen zusätzlich eingebettete Litzen vorgestellt. Bestimmte Abschnitte der Riemenbreite dienen wie bisher üblich der Kraftübertragung, andere hingegen der Stromleitung, **Bild 4.22**. Die nötige Spezial-Zahnscheibe ist in Sandwich-Bauweise aufgebaut, um sowohl die Kraft- als auch die Stromeinspeisung zu gewährleisten. Die Isolation der Leiter erfolgt im Riemen direkt durch das verwendete Basis-Elastomer. Insbesondere für die Linear- und Transporttechnik erscheint diese Entwicklung interessant, da z.B. auf das Verwenden von Schleppkabeln verzichtet werden kann.

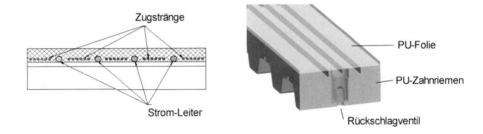

Bild 4.22 Medienführende Zahnriemen: Strom führender Zahnriemen (links, nach /A39/); Vakuum bzw. Druckluft führender Zahnriemen (rechts, nach /A40/)

In /A40/ sind mehrere Entwicklungen beschrieben, die der Leitung von Strom oder Druckluft bzw. Vakuum dienen. Bild 4.22 rechts zeigt den Aufbau eines PU-Zahnriemens für das Leiten von Druckluft. Dabei sind in den Riemenrücken Kanäle eingearbeitet und mit einer druckdichten Folie abgedeckt. Die Zuleitung des Mediums erfolgt auf dem Umschlingungsbogen der Zahnscheibe über das Öffnen von im Riemen eingebetteten Ventilen. Auf dem Riemenrücken können pneumatische Elemente, wie z.B. Greifer, nahezu beliebig platziert sowie angetrieben werden und bewegen sich mit dem Riemen mit.

5 Tragfähigkeitsberechnung von Zahnriemengetrieben

Die Tragfähigkeit spielt insbesondere bei Zahnriemengetrieben für die Antriebstechnik eine zentrale Rolle, stehen doch hier die übertragbaren Leistungen bzw. Drehmomente bei minimalem Bauraum im Vordergrund. Sie wird nachfolgend zunächst behandelt. Dann folgen Hinweise zur modifizierten Berechnung für die Lineartechnik und die Transporttechnik.

Die Leistungsberechnung eines Zahnriemengetriebes wird in der Literatur überwiegend am Zweiwellengetriebe dargestellt, ein allgemeingültiges und anwendbares Verfahren gibt es bisher jedoch nicht. In ISO 5295 /N4/ werden zwar einige Basisgleichungen, z.B. für eine zulässige Tangential- bzw. Umfangskraft unter Berücksichtigung der Fliehkraft und einiger aus dem Getriebeentwurf bekannter Parameter, verwendet. Die realen Werte für die jeweiligen Riemen sind aber in /N4/ nicht enthalten, und somit ist diese Norm nicht direkt anwendbar.

Das davon abweichende und in /N2/ beschriebene Verfahren lehnt sich an übliche Berechnungsvorschriften der Hersteller von Gummi-Zahnriemen an und benutzt im Gegensatz zu Leistungsdaten zulässige Umfangskräfte. Diese Berechnung ist nur für die älteren Trapezprofile sowie für die HTD-Profile auf Gummi-Basis anwendbar.

Die in Fachbüchern der Konstruktions- und Maschinenelemente beschriebenen Vorgehensweisen, wie z.B. in /B5/, /B6/, behandeln ganz unterschiedliche Berechnungsverfahren, lehnen sich dabei häufig an einzelne Hersteller an und sind meist nur für wenige Profile verwertbar. Bestehende Softwaresysteme zur Dimensionierung von Konstruktionselementen, die häufig auch Zahnriemen beinhalten, müssen sich an einer der vielen Möglichkeiten orientieren und beschränken sich daher oft auf die eines gewählten Herstellers. Damit sind nur die dort angebotenen Getriebe mit der Software berechenbar.

In der Regel lassen sich die reinen Leistungsdaten eines bestimmten Zahnriemenprofils von verschiedenen Herstellern nicht vergleichen, da sie auf unterschiedlichen Lebensdauerwerten und Prüfbedingungen basieren /A32/. Da genormte Prüfbedingungen fehlen, prüft jeder Hersteller nach seinen eigenen Festlegungen, die Angaben zu den erreichbaren Leistungen der Riemen sind somit herstellerspezifisch.

Eine allgemeingültige Berechnung ist insbesondere für die Anwender jedoch sinnvoll und wünschenswert. Nachfolgend soll ein derartiger Vorschlag vorgestellt werden. Ziel war es, auf bestehenden Verfahren und üblichen Prozeduren aufzubauen sowie für alle Zahnriemenarten und die wichtigsten Profilgeometrien die notwendigen Werte zu generieren. Dabei erfolgt eine Anlehnung an ISO 5295. Die notwendigen Leistungsdaten der einzelnen Profile wurden aus den Angaben von Referenzherstellern entwickelt, deren hohe Produktqualitäten Richtwerte darstellen.

5.1 Grundzüge der allgemeingültigen Berechnung

Die Dimensionierung eines Zweiwellengetriebes erfolgt stets an der kleinen Zahnscheibe (meist Antrieb) und der dort vorliegenden Drehzahl und Belastung. Bei Mehrwellengetrieben mit mehreren belasteten Abtriebsscheiben muss die Berechnung an jeder Zahnscheibe erfolgen. Das hier vorgeschlagene Verfahren greift die Berechnung nach /N4/ auf, stellt die benötigten Werte für die einzelnen Profile zur Verfügung und benutzt die beschriebenen Einflussfaktoren für die Riemenbreite und den Umschlingungswinkel bzw. die Eingriffszähnezahl sowohl für Gummi- als auch für PU-Zahnriemen.

Die allgemeingültige Berechnung gliedert sich in vier Schritte:

1. Parameteraufbereitung
   Ermittelt werden alle notwendigen Vorgaben und Randbedingungen, wie z.B. Übersetzung, Achsabstand, Drehzahlen und Sicherheitsfaktoren.
2. Auswahl des Zahnriemenprofils
   Die Vielzahl der am Markt angebotenen Zahnriemenprofile wurde je nach ihrem Leistungsvermögen in Gruppen zusammengefasst, so genannten Profilgruppen. Die aus Herstellerunterlagen bekannten groben Auswahldiagramme konnten so mit Hilfe dieser Profilgruppen in der Anzahl begrenzt werden. Entsprechend dem Leistungsbereich oder vergleichbaren Anwendungen ist dann ein Profil zu wählen. Nach der Profilwahl ist die notwendige Riemenlänge zu berechnen und mit verfügbaren Längen zu prüfen.
3. Grobauslegung
   Sie entspricht im Wesentlichen dem einfachen Verfahren nach ISO 5295, stellt hier aber nun die entsprechenden Parameter für die Profile zur Verfü-

gung. Der wichtigste Leistungsparameter ist die spezifische Tangential- bzw. Umfangskraft $F_{tüb}$, die für eine maximale Eingriffszähnezahl sowie eine Bezugsriemenbreite gilt und aus den jeweiligen Leistungstabellen eines Referenzherstellers ermittelt wurde. Mittels der in ISO 5295 eingeführten Korrekturfaktoren lässt sich dann die Berechnung leicht auf die gewählte Getriebesituation anpassen. Die Ergebnisse der hier berechneten Leistungswerte sollten die der renommierten Hersteller relativ gut wiedergeben. Abweichungen von etwa ± 20 % werden im Sinne einer einfachen und schnellen Grobauslegung toleriert. Deutlich genauere Werte liefert die Nachrechnung.

4. Nachrechnung

Mit Hilfe einer einzigen, aber relativ komplexen mathematischen Beziehung lassen sich die Werte aus den Leistungstabellen der Referenzhersteller sehr gut beschreiben. Die Zahlenwerte für die Faktoren sind profilspezifisch angegeben und wurden auf Basis ausgewählter Herstellerunterlagen erarbeitet. Benutzt man Software auf Basis dieser Nachrechnung, z.B. die in Anhang 2 beschriebene und in diesem Buch auf CD beigefügte, kann auf die Grobauslegung verzichtet werden.

Diese Vorgehensweise mit überschläglicher Berechnung (Grobauslegung) und Nachrechnung entspricht der typischen Art und Weise der Dimensionierung eines technischen Bauteils. Die Angabe von mechanischen Spannungen, insbesondere zur Nachrechnung, ist hingegen in der Zahnriementechnik nicht üblich und für Berechnungen des Anwenders in der Regel auch nicht hilfreich, s. Kapitel 7. Daher werden für die vorgeschlagene Berechnungsmethode die von renommierten Herstellern angegebenen tabellarischen Leistungswerte der Riemenprofile als zulässige Werte benutzt. Diese Tabellenwerte entstanden durch zahlreiche Untersuchungen sowie Feldversuche der Hersteller, sind aber durch einfache mathematische Gleichungen, wie z.B. die nach ISO 5295, nicht exakt wiedergebbar. Ein Abdruck der umfangreichen und von der Art her auch nicht einheitlichen Tabellen für jedes Profil ist jedoch nicht sinnvoll. Daher wird zunächst mit einer einfachen Gleichung mit noch tolerierbaren Abweichungen bezüglich der Vorgabewerte im Sinne einer Grobauslegung gearbeitet. Die Grobauslegung dient also lediglich zur relativ schnellen Prüfung, mit welcher Riemenbreite das gewählte Profil einsetzbar ist. Für die Feinauslegung, hier Nachrechnung genannt, müssen die Tabellenwerte genauer abgebildet werden. Dies gelingt für alle Profile mit einer einzigen, jedoch mathematisch umfangreicheren Gleichung, deren Koeffizienten die profilspezifischen Besonderheiten widerspiegeln. Um den Aufwand für die Benutzung dieser Gleichung zu reduzieren, wurde mit der GWJ Technology GmbH eine Software entwickelt und diesem Buch auf CD beigefügt.

5.2 Antriebstechnik (Zweiwellengetriebe)

5.2.1 Parameteraufbereitung

Bei der Auswahl eines Zahnriemengetriebes wird davon ausgegangen, dass die Belastung (Berechnungsleistung) sowie Antriebsdrehzahl, Übersetzung und Zähnezahl der kleinen Zahnscheibe bekannt sind. Die Zähnezahlen der Zahnscheiben dürfen dabei nicht beliebig klein gewählt werden, **Tabelle 5.1** gibt die Mindestzähnezahlen z_{min} je Profilgruppe an. Die Eingriffszähnezahl z_e wird im Kennwert k_z berücksichtigt und braucht nur berechnet zu werden, wenn für Gummi-Riemen weniger als 6, für PU-Riemen weniger als 12 und für PU-Riemen mit Profil AT-GENIII weniger als 16 Zähne an der kleinen Scheibe im Eingriff sind. Die notwendige Leistung bzw. die Berechnungsleistung P_{notw} ergibt sich nach **Tabelle 5.2** aus der benötigten Antriebsleistung P_{an} und einem Gesamtsicherheitsfaktor S_{ges}, der die Art der Belastung, die tägliche Einsatzdauer und eine mögliche Übersetzung ins Schnelle berücksichtigt.

Tabelle 5.1 Mindestzähnezahlen z_{min} für Zahnscheiben (Richtwerte)

Teilung p_b [mm]	minimale Scheibenzähnezahlen z_{min} mit Gegenbiegung (ohne Gegenbiegung)	
	Trapezprofile	Hochleistungsprofile
2...7	18 (10)	18 (12)
> 7...10	20 (12)	22
> 10...19	22 (14)	28
ab 20	25 (18)	34

Tabelle 5.2 Berechnung der Getriebekennwerte

Kennwert Zeichen [Einheit]	Berechnung	Erläuterung
Übersetzung i [-]	$i = \dfrac{n_1}{n_2} = \dfrac{z_2}{z_1}$	n Drehzahl z Scheibenzähnezahl 1,2 An- bzw. Abtrieb

Tabelle 5.2 Fortsetzung

Achsabstand C [mm]	$C \approx \dfrac{p_b}{4}\left[\left(z_b - \dfrac{z_2 + z_1}{2}\right) + \sqrt{\left(z_b - \dfrac{z_2 + z_1}{2}\right)^2 - \dfrac{2}{\pi^2}(z_2 - z_1)^2}\right]$	z_b Riemenzähnezahl p_b Teilung
Eingriffszähnezahl z_e [-]	$z_e = ent\left(\dfrac{z_1}{2} - \dfrac{p_b \cdot z_1 \cdot (z_2 - z_1)}{2 \cdot \pi^2 \cdot C}\right)$ mit $z_2 > z_1$	„ent" bedeutet, es wird auf den ganzzahligen Wert abgerundet
Eingriffsfaktor k_z [-]	für Gummi-Riemen: $k_z = 1$ für $z_e \geq 6$ $k_z = 1 - 0{,}2 \ast (6 - z_e)$ für $z_e < 6$ für PU-Riemen: $k_z = 1$ für $z_e \geq 12$ $k_z = 1 - 0{,}083 \ast (12 - z_e)$ für $z_e < 12$ für PU-Riemen mit Profil AT-GENIII: $k_z = 1$ für $z_e \geq 16$ $k_z = 1 - 0{,}0625 \ast (16 - z_e)$ für $z_e < 16$	berücksichtigt die verminderte Leistungsfähigkeit bei wenigen Zähnen im Eingriff
Berechnungsleistung P_{notw} [kW]	$P_{notw} = P_{an} \cdot S_{ges}$	
Gesamtsicherheitsfaktor S_{ges} [-]	$S_{ges} = S_1 + S_2 + S_3$	
Sicherheit S_1 [-]	$S_1 = 1{,}2$ für Motoren mit geringem Anlaufmoment $S_1 = 1{,}5$ für Motoren mit mittlerem Anlaufmoment $S_1 = 1{,}8$ für Motoren mit hohem Anlaufmoment	berücksichtigt über Art der Antriebsmaschine hohe und stoßartige Momente beim Anlauf
Sicherheit S_2 [-]	$S_2 = 0$ für Übersetzungen $i > 0{,}8$ $S_2 = 0{,}1$ für Übersetzungen $0{,}6 < i \leq 0{,}8$ $S_2 = 0{,}2$ für Übersetzungen $0{,}4 < i \leq 0{,}6$ $S_2 = 0{,}3$ für Übersetzungen $0{,}2 < i \leq 0{,}4$ $S_2 = 0{,}4$ für Übersetzungen $i \leq 0{,}2$	berücksichtigt Übersetzungen ins Schnelle
Sicherheit S_3 [-]	$S_3 = 0{,}1$ für tägliche Einsatzdauer bis 8 Stunden $S_3 = 0{,}2$ für tägliche Einsatzdauer bis 16 Stunden $S_3 = 0{,}4$ für tägliche Einsatzdauer über 16 Stunden	berücksichtigt die Dauerbelastung pro Tag

Ergebnisse der Parameteraufbereitung (für kleine Scheibe am Antrieb):

n_1 Antriebsdrehzahl in U/min,

z_1 Zähnezahl der Antriebsscheibe,

k_z Kennwert Eingriffsfaktor,

P_{notw} Berechnungsleistung, notwendige Leistung in kW.

5.2.2 Auswahl des Profils

Tabelle 5.3 Einsatzgebiete für Zahnriemen (Richtwerte)

	Teilung 1 bis 3 mm	Teilung etwa 5 mm	Teilung 8 bis 9,5 mm	Teilung 10 bis 15 mm	Teilung etwa 20 mm
Trapezprofile nach ISO 5296	MXL	XL	L	H	XH
Trapezprofile nach DIN 7721	T2; T2,5	T5		T10	T20
Hochleistungsprofile 1 (teilw. ähnlich ISO 13050)	HTD3M; S2M; S3M; OMEGA-2M; OMEGA-3M; FHT-1; FHT-2; FHT-3	HTD5M; S4,5M; S5M; OMEGA-5M	HTD8M; S8M; RPP8; OMEGA-8M	HTD14M; S14M; RPP14; OMEGA-14M	HTD20M
Hochleistungsprofile 2	AT3	AT5		AT10; BATK10; BATK15	AT20
Hochleistungsprofile 3	GT3-2MR; GT3-3MR; AT3-GENIII	GT3-5MR; AT5-GENIII	GT2-8MGT	GT2-14MGT; AT10-GENIII; ATP10; ATP15	
übertragbare Leistung	bis 5 kW	bis 50 kW	bis 100 kW	bis 500 kW	bis 2000 kW
Drehzahl der kleinen Scheibe	bis 20.000 U/min	bis 20.000 U/min	bis 14.000 U/min	bis 10.000 U/min	bis 6.000 U/min
Riemengeschwindigkeit	bis 60 m/s	bis 50 m/s	bis 50 m/s	bis 45 m/s	bis 40 m/s
Anwendungsbeispiele	Miniaturantriebe, Steuerantriebe, Drucker, Plotter, Haushaltgeräte	Lineartechnik, Werkzeugmaschinen, Textilmaschinen, Roboterantriebe, Haushaltgeräte	Lineartechnik, Werkzeugmaschinen, Textilmaschinen, Roboterantriebe	Lineartechnik, Baumaschinen, Pumpen, Verdichter, Papiermaschinen, Holzbearbeitungsmaschinen, Fördertechnik	Schwerlastantriebe, Holzbearbeitungsmaschinen, Mühlen, Baumaschinen

Besteht bezüglich des zu wählenden Profils Unklarheit, muss aus der Vielzahl der angebotenen das passende gewählt werden. Üblicherweise lässt sich aus Leistungsdiagrammen oder Vergleichsanwendungen das erforderliche Profil festlegen, wobei neben dem Leistungsvermögen auch Kriterien wie Kosten, Verfügbarkeit, Normung u.a. in die Entscheidungsfindung einfließen können. Nachfolgend werden nur die technischen Parameter dargestellt.

Um den Überblick zu fördern, ist die Vielzahl der am Markt angebotenen Zahnriemenprofile, wie schon erwähnt, nach ihrem Leistungsvermögen in Gruppen zusammengefasst, so genannten Profilgruppen innerhalb eines Teilungsbereiches (**Tabelle 5.3**). Für diese Profilgruppen wurden übliche Leistungsdiagramme erarbeitet, **Bilder 5.1 bis 5.5**. Die angegebenen Werte sind diejenigen Leistungen, die mit maximal angebotenen Riemenbreiten gerade noch übertragen werden dürfen.

Entsprechend der Drehzahl der kleinen Scheibe und der Berechnungsleistung P_{notw} sind also zunächst ein Teilungsbereich und eine Profilgruppe sowie anschließend ein konkretes Profil auszuwählen. **Tabelle 5.4** gibt die Werte der Teilungen p_b in mm für die einschlägigen Profile an.

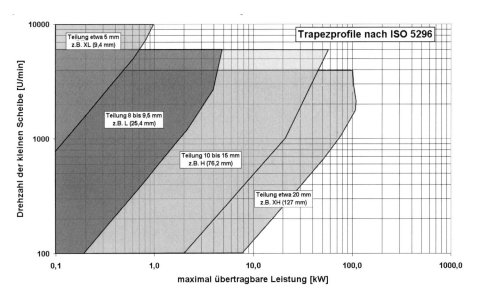

Bild 5.1 Auswahldiagramme von Zahnriemen mit Trapezprofil nach ISO 5296, verwendete maximale Riemenbreiten in Klammer, z.B. (9,4 mm)

98   5 Tragfähigkeitsberechnung von Zahnriemengetrieben

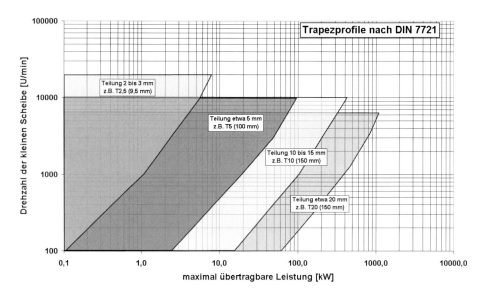

Bild 5.2 Auswahldiagramme von Zahnriemen mit Trapezprofil nach DIN 7721, verwendete maximale Riemenbreiten in Klammer, z.B. (9,5 mm)

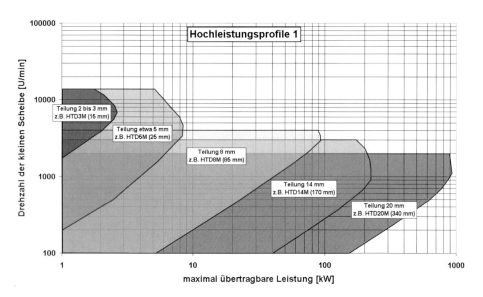

Bild 5.3 Auswahldiagramme von Zahnriemen mit Hochleistungsprofil Gruppe 1, verwendete maximale Riemenbreiten in Klammer, z.B. (15 mm)

5.2 Antriebstechnik (Zweiwellengetriebe)

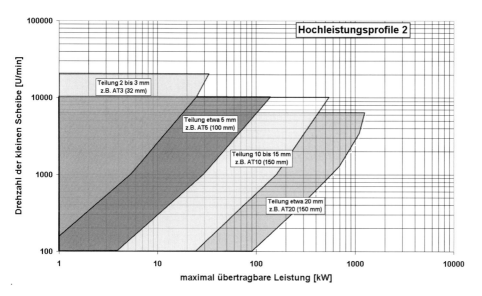

Bild 5.4 Auswahldiagramme von Zahnriemen mit Hochleistungsprofil Gruppe 2, verwendete maximale Riemenbreiten in Klammer, z.B. (32 mm)

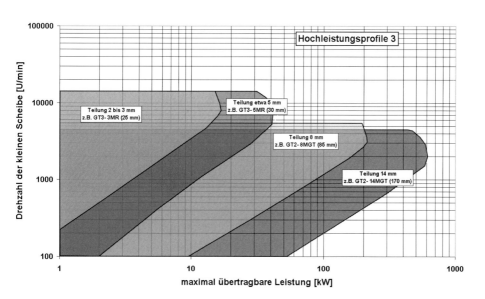

Bild 5.5 Auswahldiagramme von Zahnriemen mit Hochleistungsprofil Gruppe 3, verwendete maximale Riemenbreiten in Klammer, z.B. (25 mm)

Tabelle 5.4 Profile der einzelnen Profilgruppen und ihre Teilungen p_b in mm

Trapez-profile nach ISO 5296	Trapez-profile nach DIN 7721	Hochleistungs-profile Gruppe 1 (* ähnlich ISO 13050)	Hochleistungs-profile Gruppe 2	Hochleistungs-profile Gruppe 3
MXL: 2,032mm	T2: 2mm	HTD3M: 3mm *	AT3: 3mm	GT3-2MR: 2mm
XL: 5,08mm	T2,5: 2,5mm	HTD5M: 5mm *	AT5: 5mm	GT3-3MR: 3mm
L: 9,525mm	T5: 5mm	HTD8M: 8mm *	AT10: 10mm	GT3-5MR: 5mm
H: 12,7mm	T10: 10mm	HTD14M: 14mm *	AT20: 20mm	GT2-8MGT: 8mm
XH: 22,225mm	T20: 20mm	HTD20M: 20mm *		GT2-14MGT: 14mm
		S2M: 2mm *		AT3-GENIII: 3mm
		S3M: 3mm *		AT5-GENIII: 5mm
		S5M: 5mm *		AT10-GENIII: 10mm
		S8M: 8mm *		ATP10: 10mm
		S14M: 14mm *		ATP15: 15mm
		RPP-8M: 8mm *		
		RPP-14M: 14mm *		
		OMEGA-2M: 2mm		
		OMEGA-3M: 3mm		
		OMEGA-5M: 5mm		
		OMEGA-8M: 8mm		
		OMEGA-14M: 14mm		

Nachdem das Profil und die Teilung gewählt wurden, ist zu prüfen, ob die notwendige Riemenlänge verfügbar ist. Mit den bekannten Daten für den zu überbrückenden Achsabstand sowie die festgelegten Zähnezahlen für die beiden Zahnscheiben berechnet sich die notwendige Riemenzähnezahl z_{bnot} für ein Zweiwellengetriebe zu:

$$z_{bnot} = \frac{z_2 + z_1}{2} + \frac{2 \cdot C}{p_b} + \frac{p_b \cdot (z_2 - z_1)^2}{4 \cdot \pi^2 \cdot C} \quad , \tag{5.1}$$

mit z_1 Zähnezahl der kleineren Scheibe, z_2 Zähnezahl der größeren Scheibe, z_{bnot} notwendige Riemenzähnezahl, p_b Teilung in mm, C Achsabstand in mm.

Da Zähnezahlen nur als ganzzahlige Werte möglich sind, ist die Zahlenangabe von z_{bnot} zu runden. Die notwendige Riemenlänge L_{pnot} ergibt sich dann wie folgt:

$$L_{pnot} = z_{bnot} \cdot p_b \quad . \tag{5.2}$$

Aus dem Angebotssortiment der Riemenhersteller ist nun eine verfügbare Riemenlänge L_p zu wählen, die der notwenigen Riemenlänge L_{pnot} möglichst nahe kommt. Für die ausgewählten Profile der festgelegten Referenzhersteller sind die verfügbaren Riemenlängen in Anhang 1 aufgelistet. Obwohl das lieferbare Sortiment einer ständigen Erweiterung durch die Hersteller unterliegt, wurde der aktuelle Stand hier verwendet, um eine Handhabung der Berechnung zu erleichtern.

In der Regel ist der gewünschte Achsabstand mit dem verfügbaren Sortiment an Zahnriemen mit einem Zweiwellengetriebe nicht exakt einhaltbar. Mittels der Gleichung aus Tabelle 5.2 lässt sich der tatsächliche Achsabstand mit einer verfügbaren Riemenlänge prüfen. Da ohnehin das Getriebe vorzuspannen ist, sollte entweder der Achsabstand einstellbar gestaltet oder, falls ein Fix-Achsabstand gefordert wird, mit Spannrolle und größerer Riemenlänge gearbeitet werden, s. Kapitel 6. Ist auch dann keine befriedigende Lösung erkennbar, zieht man einen Wechsel des Profils oder sogar der Teilung in Erwägung.

Ergebnisse der Auswahl:

    gewählte Profilgeometrie (Profil),

    p_b Teilung in mm,

    L_p Riemenlänge in mm,

    C Achsabstand in mm.

5.2.3 Grobauslegung

Die Grobauslegung dient der überschläglichen Dimensionierung und schnellen Vorauswahl des Getriebes. Nach /N4/ ergibt sich die Leistungsfähigkeit eines Zahnriemens der Breite b_s nach Gl. (5.3) unter Verwendung der Kennwerte aus **Tabelle 5.5** und den riemenspezifischen Angaben aus **Tabellen 5.6** und **5.7**. Die Leistungsfähigkeit eines Zahnriemens wird durch seine überschlägliche Tangentialkraft $F_{tüb}$ ausgedrückt, die bei maximaler Eingriffszähnezahl und Basisriemenbreite übertragen werden darf. Für die Breite b_s wählt man zunächst die kleinste Standardbreite des Riemens, wenn keine Erfahrungswerte oder Vorgaben vorliegen. Ist der Wert für die Leistung P_{max} nach Gl. (5.3) dann kleiner als die Berechnungsleistung P_{notw}, ist entweder eine größere Riemenbreite b_s zu wählen oder ein leistungsstärkeres Profil:

$$P_{\max} = \left(k_z \cdot k_w \cdot F_{\text{tüb}} - \frac{b_s \cdot m_{\text{spez}} \cdot v_b^2}{b_{s0}} \right) \cdot v_b \cdot 10^{-3} \; , \tag{5.3}$$

mit $P_{\max}$ in kW, k_z s. Tabelle 5.2, k_w und $F_{\text{tüb}}$ sowie weitere Werte s. Tabellen 5.5 bis 5.7.

Tabelle 5.5 Allgemeine Kennwerte für die Leistungsberechnung

Kennwert [Einheit]	Berechnung	Erläuterung
Leistung P [kW]	nach Gl. (5.3)	Leistung in kW, die ein Zahnriemen der Breite b_s sicher übertragen kann.
Riemengeschwindigkeit v_b [m/s]	$v_b = z_1 \cdot p_b \cdot \dfrac{n_1}{60 \cdot 1000}$	Riemengeschwindigkeit ergibt sich in m/s, wenn Teilung p_b in mm und Drehzahl n_1 in U/min eingesetzt werden.
Breitenfaktor k_w [-]	$k_w = \left(\dfrac{b_s}{b_{s0}} \right)^{1,14}$	Korrekturfaktor der Riemenbreite, mit real gewählter Riemenbreite b_s und Basisriemenbreite b_{s0}.

Tabelle 5.6 Spezifische Kennwerte für Zahnriemen aus Gummi-Elastomer (CR-Zahnriemen) (spezifische Tangential- bzw. Umfangskraft $F_{\text{tüb}}$ der Riemenbreite b_{s0} für eine maximale Eingriffszähnezahl z_{emax}; m_{spez} ist die spezifische Riemenmasse der Bezugsbreite je 1 m Länge; b_{s0} Bezugsriemenbreite; b_s Standardriemenbreiten)

Profil	$F_{\text{tüb}}$ [N]	für b_{s0} *) [mm]	bei z_{emax} [-]	m_{spez} [kg/m]	b_s [mm]
GT3-2MR	95	9	6	0,0126	3/6/9
GT3-3MR	150	9	6	0,0252	6/9/15
GT3-5MR	200	9	6	0,0369	6/9/15/20/25/30
GT2-8MGT	1100	20	6	0,094	20/30/50/85
GT2-14MGT	3500	40	6	0,316	40/55/85/115/170
HTD3M; OMEGA-3M	50	6	6	0,0144	6/9/15
HTD5M; OMEGA-5M	120	9	6	0,033	9/15/25
HTD8M; RPP8; OMEGA-8M	700	20	6	0,112	20/30/50/85
HTD14M; OMEGA-14M	1900	40	6	0,404	40/55/85/115/170
HTD20M	10300	115	6	1,6905	115/170/230/290/340

Tabelle 5.6 Fortsetzung

MXL	27	6,4	6	0,0038	3,2/4,8/6,4
XL	53	9,5	6	0,00598	6,4/7,9/9,5
L	245	25,4	6	0,089	12,7/19,1/25,4
H	2100	76,2	6	0,351	19,1/25,4/38,1/50,8/76,2
XH	4450	101,6	6	0,94	50,8/76,2/101,6/127

*) b_{s0} aus VDI 2758 (wenn darin enthalten)

Tabelle 5.7 Spezifische Kennwerte für Zahnriemen aus Polyurethan (PU-Zahnriemen) (spezifische Tangential- bzw. Umfangskraft $F_{tüb}$ der Riemenbreite b_{s0} für eine maximale Eingriffszähnezahl z_{emax}; m_{spez} ist die spezifische Riemenmasse der Bezugsbreite je 1 m Länge; b_{s0} Bezugsriemenbreite; b_s Standardriemenbreiten)

Profil	$F_{tüb}$ [N]	für b_{s0} *) [mm]	bei z_{emax} [-]	m_{spez} [kg/m]	b_s [mm]
T2	25	6	12	0,007	4/6/10/16/25/32
T2,5	60	10	12	0,015	6/10/16/25/32
T5	380	25	12	0,060	6/10/16/25/32/50/75/100
T10	700	25	12	0,120	16/25/32/50/75/100/150
T20	2900	50	12	0,420	32/50/75/100/150
AT3	230	10	12	0,023	6/10/16/25/32
AT5	580	25	12	0,085	6/10/16/25/32/50/75/100
AT10	1100	25	12	0,158	16/25/32/50/75/100/150
AT20	4200	50	12	0,530	32/50/75/100/150
AT3-GENIII	380	10	16	0,026	6/10/16/25/32
AT5-GENIII	980	25	16	0,090	6/10/16/25/32/50/75/100
AT10-GENIII	1800	25	16	0,183	16/25/32/50/75/100/150
ATP10	1300	25	12	0,183	16/25/32/50/75/100/150
ATP15	4200	50	12	0,400	25/32/50/75/100/150

*) b_{s0} aus VDI 2758 (wenn darin enthalten)

Die Kenndaten der einzelnen Riemen wurden aus Herstellerangaben ermittelt. Sie gelten für Standardgetriebe mit maximalen Riemengeschwindigkeiten bis 25 m/s und für Riemenlängen ab etwa 80 * Riementeilung. Für kürzere Riemenlängen sind Abschläge an der zulässigen Leistung von 10 bis 20 % vorzunehmen. Für höhere Riemengeschwindigkeiten sollte die Berechnung vom Hersteller direkt erfolgen.

104   5 Tragfähigkeitsberechnung von Zahnriemengetrieben

Die angegebenen Riemenbreiten b_s sind Standardbreiten und vorzugsweise zu verwenden. Die Riemenbreite b_{s0} ist die Bezugsriemenbreite, auf welche sich die spezifische Tangential- bzw. Umfangskraft $F_{tüb}$ bezieht. Für b_{s0} wurden, soweit vorhanden, die Werte aus VDI 2758 verwendet, die teilweise von den herstellerüblichen Angaben abweichen. Die hier angegebenen Werte für $F_{tüb}$ wurden für die CR-Zahnriemen aus den Leistungstabellen, für die PU-Riemen aus den spezifischen Umfangskräften bei 100 U/min der Referenzhersteller (s. Tabellen 5.8 und 5.9) ermittelt.

Ergebnisse der Grobauslegung:

b_s gewählte Standardriemenbreite in mm.

5.2.4 Nachrechnung

Die nachfolgend dargestellte Nachrechnung spiegelt die Leistungsangaben der Referenzhersteller sehr gut und viel besser als die der Grobauslegung wieder. Es kann daher auch auf die einfache Grobauslegung verzichtet werden, wenn eine Vorauswahl des Getriebes bereits erfolgte oder wenn sich der Aufwand dieser Nachrechnung durch Softwareeinsatz deutlich reduziert. Eine Nachrechnung des vorausgewählten Getriebes sollte aber immer zur Kontrolle erfolgen, da die Grobauslegung nur eine Überschlagsrechnung darstellt. Üblicherweise übernimmt die Kontrollrechnung auch der Getriebehersteller als Service.

Um die Nachrechnung selbst vornehmen zu können, beschreibt Gl. (5.4) die allgemeine Lösung für den Zusammenhang $P = f(n; z_p)$. Die Zahlenwerte für die Faktoren a bis j sind profilspezifisch und wurden mit ausgewählten Herstellerunterlagen abgeglichen (**Tabellen 5.8** und **5.9**):

$$P_{max} = a + b \cdot n + c \cdot z_p + d \cdot n^2 + e \cdot z_p^2 + f \cdot n \cdot z_p + g \cdot n^3 + h \cdot z_p^3 + i \cdot n \cdot z_p^2 + j \cdot n^2 \cdot z_p ,$$
(5.4)

mit P_{max} in kW (s. Tabelle 5.8 bzw. 5.9); n in U/min und Zähnezahl z_p der kleinen Scheibe.

Die mit Gl. (5.4) ermittelte Leistung P_{max} ist die Leistung eines Profils, die mit der Riemenbreite b_{s0} unter den Bedingungen Drehzahl n und Scheibenzähnezahl z_p übertragen werden darf. Sind weniger Zähne im Eingriff als die maximale Eingriffszähnezahl z_{emax} des gewählten Riementyps vorgibt (s. Tabelle 5.2), ist mit dem bekannten Faktor k_z zu korrigieren. Für die Riemenbreite wird im Gegensatz zu Tabelle 5.5 hier mit dem potenzlosen Breitenverhältnis gearbeitet. Demnach ergibt sich die notwendige Mindest-Riemenbreite b_s aus der zu übertragenden Leistung P_{notw} zu:

5.2 Antriebstechnik (Zweiwellengetriebe)

$$b_s = \frac{P_{notw}}{P_{max}} \cdot \frac{b_{s0}}{k_z} \quad . \tag{5.5}$$

Es sollte dann die nächst größere Standard-Riemenbreite (s. S. 102/103) gewählt werden. Folgende Grenzen für die Anwendung der Gl. (5.4) sind zu beachten:

- Scheibenzähnezahlen nicht kleiner als die Mindestzähnezahl wählen,
- Riemengeschwindigkeiten bis max. 25 m/s sind berücksichtigt (größere Geschwindigkeiten möglich, bedingen aber Absprache mit Hersteller),
- Berechnungen gelten für Riemenlängen ab etwa 80 * Riementeilung (für kurze Riemenlängen sind Abschläge an der zulässigen Leistung möglich).

Außerhalb dieser Grenzen liegt keine Standardanwendung vor. Um zu prüfen, ob ein Einsatz dennoch möglich ist, sollte die Dimensionierung dann durch den Hersteller unter Beachtung weiterer spezifischer Parameter erfolgen. Die sehr gute Übereinstimmung der Ergebnisse derartiger Nachrechnungen mit denen der tabellarischen Herstellerangaben zeigen die Beispiele in den **Bildern 5.6** bis **5.9**. Zur Unterstützung von Getriebeberechnungen mittels dieser Methode dient die in Anlage 2 beschriebene und im Buch auf CD beigelegte Software.

Tabelle 5.8 Ermittelte Faktoren zur Verwendung der Gl. (5.2) für Zahnriemen aus Polyurethan (PU-Zahnriemen; berechnet aus Leistungsangaben in angegebener Literatur)

a) Trapezprofile nach DIN 7721 (mit $z_{emax} = 12$)

P_{max} in für Riemenbreite	kW 6 mm	kW 10 mm	kW 25 mm	kW 25 mm	kW 50 mm
Profile Faktoren	T2	T2,5	T5	T10	T20
a	$-2,4 \cdot 10^{-4}$	$-2,4 \cdot 10^{-3}$	$-7,4 \cdot 10^{-2}$	$-2,6 \cdot 10^{-1}$	$-2,6$
b	$5,47 \cdot 10^{-6}$	$1,654 \cdot 10^{-5}$	$2,26 \cdot 10^{-4}$	$9,97 \cdot 10^{-4}$	$9,62 \cdot 10^{-3}$
c	$6,99 \cdot 10^{-7}$	$5,793 \cdot 10^{-5}$	$3,925 \cdot 10^{-3}$	$1,34 \cdot 10^{-2}$	$1,2858 \cdot 10^{-1}$
d	$-3,75 \cdot 10^{-9}$	$-1,117 \cdot 10^{-8}$	$-1,495 \cdot 10^{-7}$	$-6,577 \cdot 10^{-7}$	$-6,33 \cdot 10^{-6}$
e	$1,525 \cdot 10^{-6}$	$4,071 \cdot 10^{-6}$	$-2,307 \cdot 10^{-5}$	$-1,9516 \cdot 10^{-6}$	$-9,26 \cdot 10^{-6}$
f	$9,69 \cdot 10^{-7}$	$2,762 \cdot 10^{-6}$	$3,83 \cdot 10^{-5}$	$1,4687 \cdot 10^{-4}$	$1,08 \cdot 10^{-3}$
g	$6,245 \cdot 10^{-13}$	$1,842 \cdot 10^{-12}$	$2,458 \cdot 10^{-11}$	$1,0823 \cdot 10^{-10}$	$1,04 \cdot 10^{-9}$
h	$-1,03 \cdot 10^{-8}$	$-3,2 \cdot 10^{-8}$	$1,734 \cdot 10^{-7}$	$-1,37 \cdot 10^{-7}$	$9,3 \cdot 10^{-8}$
i	$-1,38 \cdot 10^{-11}$	$-1,596 \cdot 10^{-10}$	$-6,69 \cdot 10^{-10}$	$-1,573 \cdot 10^{-9}$	$-1,57 \cdot 10^{-9}$
j	$-6,86 \cdot 10^{-11}$	$-1,92 \cdot 10^{-10}$	$-2,64 \cdot 10^{-9}$	$-1,295 \cdot 10^{-8}$	$-1,16 \cdot 10^{-7}$
Referenzwerte von	MULCO /F2/	MULCO /F2/	MULCO /F2/	MULCO /F2/	MULCO /F2/

Tabelle 5.8 Fortsetzung

b) Hochleistungsprofile Gruppe 2 (mit $z_{emax} = 12$)

P_{max} in für Riemenbreite	kW 10 mm	kW 25 mm	kW 25 mm	kW 50 mm
Profile / Faktoren	AT3	AT5	AT10	AT20
a	$-2,24*10^{-2}$	$-1,067*10^{-1}$	$-5,011*10^{-1}$	$-4,765$
b	$8,116*10^{-5}$	$3,904*10^{-4}$	$1,853*10^{-3}$	$1,77*10^{-2}$
c	$9,6*10^{-4}$	$4,408*10^{-3}$	$2,131*10^{-2}$	$2,038*10^{-1}$
d	$-5,367*10^{-8}$	$-2,571*10^{-7}$	$-1,22*10^{-6}$	$-1,2*10^{-5}$
e	$-1,584*10^{-6}$	$-1,835*10^{-6}$	$-6,536*10^{-7}$	$2,9*10^{-5}$
f	$1,424*10^{-5}$	$6,319*10^{-5}$	$2,41*10^{-4}$	$1,7*10^{-3}$
g	$8,86*10^{-12}$	$4,232*10^{-11}$	$2,008*10^{-10}$	$1,9*10^{-9}$
h	$1,228*10^{-8}$	$1,217*10^{-8}$	$3,609*10^{-9}$	$-2,08*10^{-7}$
i	$-2,808*10^{-12}$	$-1,443*10^{-10}$	$-1,093*10^{-10}$	$-2,44*10^{-9}$
j	$-1,093*10^{-9}$	$-5,131*10^{-9}$	$-2,402*10^{-8}$	$-2,25*10^{-7}$
Referenzwerte von	MULCO /F2/	MULCO /F2/	MULCO /F2/	MULCO /F2/

c) Hochleistungsprofile Gruppe 3 (mit $z_{emax} = 16$)

P_{max} in für Riemenbreite	kW 10 mm	kW 25 mm	kW 25 mm	kW 50 mm
Profile / Faktoren	AT3-GEN III	AT5-GEN III	AT10-GEN III / ATP10	ATP15
a	$-3,83*10^{-2}$	$-1,8*10^{-1}$	$-8,62*10^{-1}$	$-3,203$
b	$1,42*10^{-4}$	$6,66*10^{-4}$	$3,08*10^{-3}$	$1,186*10^{-2}$
c	$1,49*10^{-3}$	$7,34*10^{-3}$	$3,76*10^{-2}$	$1,3679*10^{-1}$
d	$-9,33*10^{-8}$	$-4,38*10^{-7}$	$-2,03*10^{-6}$	$-7,8074*10^{-6}$
e	$-2,37*10^{-10}$	$3,73*10^{-10}$	$-4,88*10^{-5}$	$-2,31*10^{-7}$
f	$2,37*10^{-5}$	$1,05*10^{-4}$	$4,01*10^{-4}$	$1,328*10^{-3}$
g	$1,54*10^{-11}$	$7,21*10^{-11}$	$3,34*10^{-10}$	$1,285*10^{-9}$
h	$2,45*10^{-12}$	$8,71*10^{-12}$	$3,44*10^{-7}$	$-5,63*10^{-10}$
i	$-4,68*10^{-14}$	$-8,6*10^{-13}$	$5,22*10^{-10}$	$7,26*10^{-11}$
j	$-1,82*10^{-9}$	$-8,5*10^{-9}$	$-4*10^{-8}$	$-1,527*10^{-7}$
Referenzwerte von	MULCO /F2/	MULCO /F2/	MULCO /F2/	MULCO /F2/

5.2 Antriebstechnik (Zweiwellengetriebe)

Tabelle 5.9 Ermittelte Faktoren zur Verwendung der Gl. (5.2) für Zahnriemen aus Gummi-Elastomer (CR-Zahnriemen; berechnet aus Leistungsangaben in angegebener Literatur)

a) Trapezprofile nach ISO 5296 (mit $z_{emax} = 6$)

P_{max} in für Riemenbreite	kW 6,4 mm	kW 9,5 mm	kW 25,4 mm	kW 76,2 mm	kW 101,6 mm
Faktoren /Profile	MXL	XL	L	H	XH
a	$-1,04 \cdot 10^{-4}$	$1 \cdot 10^{-2}$	2,69	7,20	24,35
b	0	$-1 \cdot 10^{-5}$	$-2,033 \cdot 10^{-3}$	$-1,1294 \cdot 10^{-2}$	$-3,0235 \cdot 10^{-2}$
c	$1 \cdot 10^{-5}$	$-9,3 \cdot 10^{-4}$	$-0,20877$	$-0,45247$	$-2,41096$
d	0	$1,54 \cdot 10^{-9}$	$3,8405 \cdot 10^{-7}$	$2,56937 \cdot 10^{-6}$	$1,555716 \cdot 10^{-5}$
e	$-2,8173 \cdot 10^{-7}$	$2,219741 \cdot 10^{-5}$	$4,93801 \cdot 10^{-3}$	$6,569795 \cdot 10^{-3}$	$7,640364 \cdot 10^{-2}$
f	$1,21947 \cdot 10^{-6}$	$5,34686 \cdot 10^{-6}$	$1,4525434 \cdot 10^{-4}$	$1,070922 \cdot 10^{-3}$	$3,33113 \cdot 10^{-3}$
g	0	$-1 \cdot 10^{-13}$	$-1,49 \cdot 10^{-11}$	$-8,91 \cdot 10^{-11}$	$-1,0298 \cdot 10^{-9}$
h	$2,27 \cdot 10^{-9}$	$4,688 \cdot 10^{-8}$	$-3,7441 \cdot 10^{-5}$	$-9,96398 \cdot 10^{-6}$	$-7,9963493 \cdot 10^{-4}$
i	0	$-2,173 \cdot 10^{-8}$	$-1,16258 \cdot 10^{-6}$	$-6,96872 \cdot 10^{-6}$	$-2,183475 \cdot 10^{-5}$
j	0	$-1 \cdot 10^{-10}$	$-1,262 \cdot 10^{-8}$	$-1 \cdot 10^{-7}$	$-6,7 \cdot 10^{-7}$
Referenzwerte von	Fa. Gates /F1/	Fa. Gates /F1/	Fa. Gates /F1/	Fa. Gates /F1/	Fa. Gates /F1/

b) Hochleistungsprofile Gruppe 1 (mit $z_{emax} = 6$)

P_{max} in für Riemenbreite	kW 6 mm	kW 9 mm	kW 20 mm	kW 40 mm	kW 115 mm
Profile Faktoren	HTD3M OMEGA 3M	HTD5M OMEGA 5M	HTD8M, RPP8, OMEGA 8M	HTD14M OMEGA 14M	HTD20M
a	$2 \cdot 10^{-2}$	0,32	$-5,33$	$-62,9$	$-28,2$
b	$2 \cdot 10^{-6}$	$-1,28 \cdot 10^{-4}$	$-3,20 \cdot 10^{-3}$	$-1,611 \cdot 10^{-2}$	$-0,19078$
c	$-2,93 \cdot 10^{-3}$	$-2,651 \cdot 10^{-2}$	0,4176	4,27752	2,09217
d	$-6,13 \cdot 10^{-9}$	$-6,06 \cdot 10^{-9}$	$-3,817 \cdot 10^{-7}$	$1,29 \cdot 10^{-6}$	$3,295 \cdot 10^{-5}$
e	$1 \cdot 10^{-4}$	$6,9 \cdot 10^{-4}$	$-1,010 \cdot 10^{-2}$	$-9,022026 \cdot 10^{-2}$	$-4,890266 \cdot 10^{-2}$
f	$3,48129 \cdot 10^{-6}$	$1,994759 \cdot 10^{-5}$	$2,918 \cdot 10^{-4}$	$1,4956427 \cdot 10^{-3}$	$1,4241841 \cdot 10^{-2}$
g	$9 \cdot 10^{-13}$	$3,3 \cdot 10^{-12}$	$2,186 \cdot 10^{-10}$	$1,12 \cdot 10^{-9}$	$9,52 \cdot 10^{-9}$
h	$-8,3869 \cdot 10^{-7}$	$-5,0023 \cdot 10^{-6}$	$7,599 \cdot 10^{-5}$	$6,048102 \cdot 10^{-4}$	$3,6162470 \cdot 10^{-4}$
i	$-4,15 \cdot 10^{-9}$	$-6,475 \cdot 10^{-8}$	$-1,508 \cdot 10^{-6}$	$-6,98195 \cdot 10^{-6}$	$-7,973904 \cdot 10^{-5}$
j	$-2,2 \cdot 10^{-10}$	$-1,51 \cdot 10^{-9}$	$-2,413 \cdot 10^{-8}$	$-3,0606 \cdot 10^{-7}$	$-2,91542 \cdot 10^{-6}$
Referenzwerte von	für HTD3M Fa. Gates /F1/	für HTD5M Fa. Gates /F1/	für HTD8M Fa. Gates /F1/	für HTD14M Fa. Gates /F1/	für HTD20M Fa. Gates /F1/

Tabelle 5.9 Fortsetzung

c) Hochleistungsprofile Gruppe 3 (mit $z_{emax} = 6$)

P_{max} in für Riemenbreite	kW 9 mm	kW 9 mm	kW 9 mm	kW 20 mm	kW 40 mm
Profile Faktoren	GT3-2MR	GT3-3MR	GT3-5MR	GT2-8MGT	GT2-14MGT
a	$-4{,}253 \cdot 10^{-2}$	$-7{,}777 \cdot 10^{-3}$	$7{,}022 \cdot 10^{-2}$	$-0{,}311$	$-4{,}875$
b	$1{,}664 \cdot 10^{-5}$	$-7{,}296 \cdot 10^{-5}$	$-5{,}494 \cdot 10^{-4}$	$-2{,}67 \cdot 10^{-3}$	$-1{,}500 \cdot 10^{-2}$
c	$4{,}760 \cdot 10^{-3}$	$1{,}428 \cdot 10^{-3}$	$-2{,}114 \cdot 10^{-3}$	$2{,}928 \cdot 10^{-2}$	$0{,}44478$
d	$-9{,}975 \cdot 10^{-9}$	$-1{,}701 \cdot 10^{-8}$	$-1{,}012 \cdot 10^{-8}$	$-1{,}6 \cdot 10^{-7}$	$3{,}01 \cdot 10^{-6}$
e	$-1{,}150 \cdot 10^{-4}$	$-2{,}978 \cdot 10^{-5}$	$-8{,}407 \cdot 10^{-6}$	$-7{,}4378 \cdot 10^{-4}$	$-9{,}28397 \cdot 10^{-3}$
f	$6{,}101 \cdot 10^{-6}$	$1{,}806 \cdot 10^{-5}$	$5{,}188 \cdot 10^{-5}$	$2{,}9674 \cdot 10^{-4}$	$1{,}47701 \cdot 10^{-3}$
g	$8{,}737 \cdot 10^{-13}$	$1{,}841 \cdot 10^{-12}$	$2{,}224 \cdot 10^{-12}$	$4{,}90 \cdot 10^{-11}$	$2 \cdot 10^{-11}$
h	$9{,}612 \cdot 10^{-7}$	$4{,}155 \cdot 10^{-7}$	$8{,}516 \cdot 10^{-7}$	$6{,}6 \cdot 10^{-6}$	$6{,}1 \cdot 10^{-5}$
i	$-2{,}038 \cdot 10^{-8}$	$-4{,}749 \cdot 10^{-8}$	$-1{,}312 \cdot 10^{-7}$	$-3{,}6 \cdot 10^{-7}$	$-2{,}52 \cdot 10^{-6}$
j	$-2{,}672 \cdot 10^{-10}$	$-5{,}851 \cdot 10^{-10}$	$-1{,}393 \cdot 10^{-9}$	$-1{,}07 \cdot 10^{-8}$	$-1{,}644 \cdot 10^{-7}$
Referenzwerte von	Fa. Gates /F1/	Fa. Gates /F1/	Fa. Gates /F1/	Fa. Gates /F1/	Fa. Gates /F1/

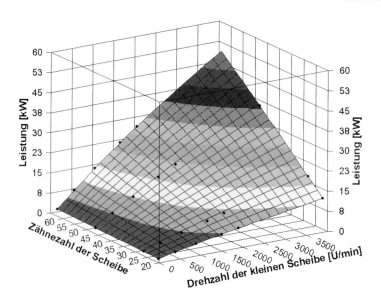

Bild 5.6 Vergleich der Ergebnisse nach Gl. (5.4) mit den Ausgangswerten (Punkte) aus Leistungstabellen (Profil GT2-8MGT der Basisriemenbreite 20 mm; Leistungswerte Gates, Aachen)

5.2 Antriebstechnik (Zweiwellengetriebe)   109

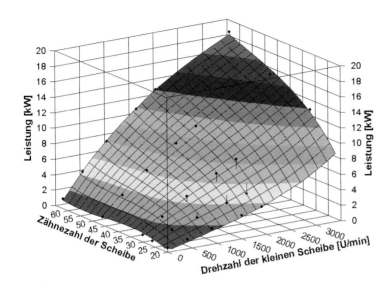

Bild 5.7 Vergleich der Ergebnisse nach Gl. (5.4) mit den Ausgangswerten (Punkte) aus Leistungstabellen (Hochleistungsprofil HTD8M der Basisriemenbreite 20 mm; Leistungswerte Gates, Aachen)

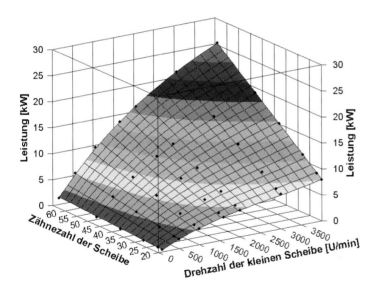

Bild 5.8 Vergleich der Ergebnisse nach Gl. (5.4) mit den Ausgangswerten (Punkte) aus Leistungstabellen (Profil T10 der Basisriemenbreite 25 mm; Leistungswerte MULCO-Europe EWIV, Hannover)

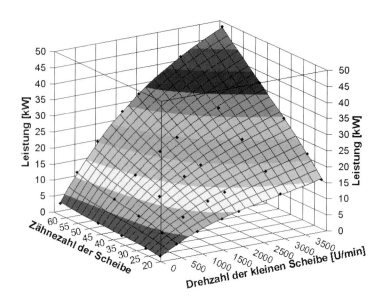

Bild 5.9 Vergleich der Ergebnisse nach Gl. (5.4) mit den Ausgangswerten (Punkte) aus Leistungstabellen (Profil AT10-GEN-III der Basisriemenbreite 25 mm; Leistungswerte MULCO-Europe EWIV, Hannover)

5.3 Mehrwellengetriebe

Bei der Auslegung von Mehrwellengetrieben muss darauf geachtet werden, dass die Berechnungen analog Kapitel 5.2 an allen belasteten Zahnscheiben erfolgen. Dieser Aufwand ist erforderlich, da die höchstbelastete Verzahnung aufgrund der verschieden großen Umschlingungsbögen und Drehmomente an den Zahnscheiben möglicherweise nicht sofort zu erkennen ist. Anderenfalls reicht die Dimensionierung nur an jener Zahnscheibe aus.

Das Bestimmen der notwendigen geometrischen Parameter, wie z.B. der jeweiligen Länge der Umschlingungsbögen, liegt häufig im Ergebnis der CAD-Konstruktion vor. Trotzdem ist die mehrfach zu wiederholende Dimensionierung des Riemens an jeder Zahnscheibe aufwendig. Da zusätzlich die berechnete Ideal-Riemenlänge von den produzierten Längen abweicht, sind auch die Positionen einer oder mehrerer Zahnscheiben bzw. Spannrollen anzupassen. Hier haben sich spezielle PC-Programme bewährt, welche sowohl die Längenanpassung als auch die Dimensionierung ermöglichen. Zugleich erfolgen Kollisionsbetrachtungen der Scheiben sowie die Kontrolle auf unzulässige Riemenführungen, wie z.B. Überschneidungen von Riemenabschnitten. Es existieren mehrere Programme, die meist von den Riemenherstellern kostenfrei angeboten werden, z.B. /W2/. Diese sind jedoch nur für die jeweils produzierten Riemen anwendbar. Aus diesem Grund wurde die allgemeingültige Berechnung nach Kapitel 5.2 auch auf Mehrwellengetriebe ausgedehnt, in eine Softwarelösung überführt und diesem Fachbuch beigelegt, s. Anlage 2.

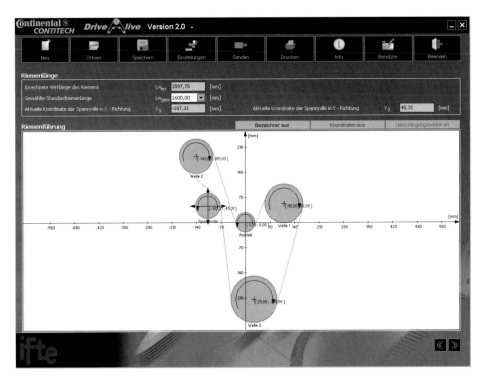

Bild 5.10 Bildschirmfoto des Mehrwellenberechnungsprogramms Drive Alive innerhalb des Programmpakets SUITE (Quelle: ContiTech, Hannover)

Besonders hilfreich sind solche Programme, die zusätzlich Produktvergleiche mit anderen Profilen oder gar anderen Riementypen, wie Keilriemen, Keilrippenriemen usw. zulassen, wie z.B. das Programmpaket „SUITE" mit den Modulen für Zweiwellengetriebe „Power Transmission Designer" und für Mehrwellengetriebe „Drive Alive" /W8/, **Bild 5.10**.

5.4 Lineartechnik

Die Dimensionierung von Zahnriemengetrieben für die Lineartechnik erfolgt grundsätzlich über die Leistungsfähigkeit des Riemens unter Beachtung der zulässigen Werte für die Zugstrangbelastbarkeit und jener der Verzahnung. Eine allgemeingültige Richtlinie existiert nicht. Das Bestimmen von Positionier- und Übertragungsabweichungen sowie Maßnahmen zum Erreichen geringer Abweichungen wird in Kapitel 9 vorgestellt. Da meist PU-Zahnriemen mit Stahllitze-Zugsträngen aufgrund ihrer hohen Trumsteifigkeiten zum Einsatz kommen, wird hier nur deren Berechnung beschrieben. Sie lässt sich in folgende Schritte gliedern:

1. Parameteraufbereitung

Die Masse des Schlittens und die Beschleunigung stellen die wesentliche Belastung dar und sind Ausgangswerte für die Berechnung. Zudem begrenzen häufig die geforderten Einbaubedingungen des Antriebs den maximal möglichen, die zulässige Biegewechselfestigkeit des Zugstranges hingegen den minimalen Durchmesser der Zahnscheibe, **Tabelle 5.10**.

Tabelle 5.10 Mindestzähnezahlen z_{min} für Zahnscheiben und minimale Durchmesser von Spannrollen in mm für die Lineartechnik (nach /F2/, /F24/)

	minimale Scheibenzähnezahlen z_{min} für die Lineartechnik					
	(minimaler Durchmesser einer glatten Spannrolle auf Verzahnung laufend)					
	Trapezprofile				andere Profile	
Teilung p_b [mm]	T-Profile	AT-Profile	BATK-Profile	ATL-Profile	Teilung p_b [mm]	HTD-Profile
3		15 (30 mm)				
5	10 (30 mm)	15 (25 mm)		25 (40 mm)	5	HTD5M: 12 (20 mm)
10	12 (60 mm)	15 (50 mm)	20 (80 mm)	25 (80 mm)	8	HTD8M: 18 (50 mm)
20	15 (120 mm)	18 (120 mm)		25 (160 mm)	14	HTD14M: 25 (120 mm)

In der Lineartechnik, z.B. in Linearschlitten (s. Bild 4.3), werden häufig glatte Rollen zur Umlenkung des Riemens genutzt. Deren Größe ist nicht beliebig wählbar, Tabelle 5.10 enthält daher auch die Mindestdurchmesser für Spannrollen. Die mit ATL bezeichneten Sonderprofile sind von der Geometrie mit denen des AT-Profils gleichzusetzen, jedoch besitzen die Riemen einen verstärkten Zugstrang. Dieser bewirkt eine erhöhte Trumsteifigkeit und somit geringere Dehnungswerte, benötigt aber eine größere Mindest-Scheibenzähnezahl. Das bogenförmige AT-Profil wird mit BATK bezeichnet (s. Kapitel 4.5.2), ist ein selbstführendes Profil und erfordert daher keine Bordscheiben zur Riemenführung.

2. Auswahl des Profils

In /F2/ ist ein nützliches Auswahldiagramm aufgeführt, welches denen für Leistungsgetriebe ähnelt, so dass eine Vorauswahl des Profils und der Teilung möglich ist, **Bild 5.11**. Da die zu bewegende Masse des Linearschlittens in der Regel die dominante Größe darstellt, erfolgt zunächst die Riemenauswahl ohne Beachtung der Massen von Riemen und Scheiben sowie ohne besondere Sicherheitsfaktoren. Sind jedoch Belastungsstöße oder Schwingungen zu erwarten, sollten entsprechende Zuschläge auf die Riemenbreite gewährt werden.

3. Riemenauslegung

Grundlage der Riemenauslegung ist der in der Anwendung maximal auftretende Belastungszustand. Für diesen wird an der Antriebsscheibe die wirkende Tangential- bzw. Umfangskraft F_t bestimmt. Sie wird in der Regel in der Beschleunigungs- oder Bremsphase auftreten, nur in einigen Anwendungen ist eine erhebliche Arbeitskraft in der Bewegungsphase aufzubringen. Daher setzt sich F_t gemäß Gl. (5.6) allgemein aus der Beschleunigungskraft, der Hubkraft (nur bei vertikaler Bewegung entgegengesetzt der Fallbeschleunigung), der Reibkraft des Systems und der Arbeitskraft zusammen. Es ist mit dem Maximalwert von F_t zu rechnen:

$$F_t = m \cdot a + m \cdot g + F_R + F_{Arb} \,. \tag{5.6}$$

Die zu beschleunigende Masse m stellt dabei eine Ersatzmasse dar, die in Höhe der Wirklinie des Zahnriemens gewählt wird und sich aus Teilmassen zusammensetzt, Gl. (5.7). Die Massen der Scheiben und Spannrollen nach Gl. (5.8) bzw. (5.9) sind ebenso auf die Wirklinie des Riemens zu reduzieren:

$$m = m_L + m_b + m_{p,red} + m_{Spann,red} \,, \tag{5.7}$$

$$m_p = \frac{(d_0^2 - d_B^2) \cdot \pi \cdot b_p \cdot \rho_p}{4 \cdot 10^6} \quad \text{bzw.}$$

$$m_{Spann} = \frac{(d_{Spann}^2 - d_B^2) \cdot \pi \cdot b_{Spann} \cdot \rho_{Spann}}{4 \cdot 10^6} \,, \tag{5.8}$$

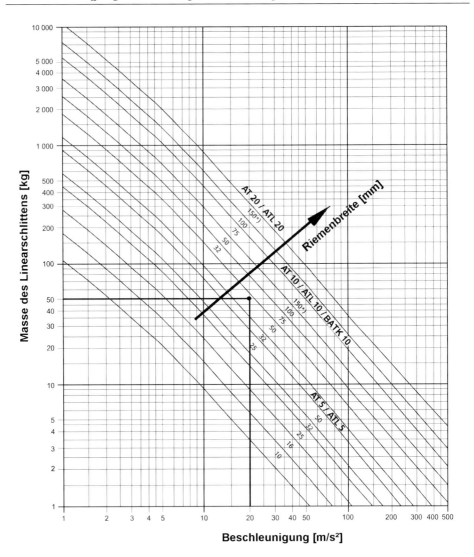

Bild 5.11 Auswahldiagramm für Zahnriemenprofile der Lineartechnik (Quelle: Breco Antriebstechnik Breher, Porta Westfalica)

5.4 Lineartechnik

$$m_{p,red} = \frac{m_p}{2}\left[1+\frac{d_B^2}{d_k^2}\right] \quad \text{bzw.} \quad m_{Spann,red} = \frac{m_{Spann}}{2}\left[1+\frac{d_B^2}{d_{Spann}^2}\right], \quad (5.9)$$

mit a Beschleunigung in m/s²; b_p, b_{Spann} Breite der Zahnscheibe bzw. der Spannrolle in mm; d_0 Kopfkreisdurchmesser der Zahnscheibe in mm; d_{Bo} Durchmesser der Bohrung in der Scheibe in mm; d_{Spann} Durchmesser der Spannrolle in mm; g Fallbeschleunigung (g = 9,81 m/s²); m zu beschleunigende Masse (auf die Wirklinie des Riemens reduziert) in kg; m_L Masse des zu bewegenden Linearschlittens in kg; m_b Masse des Zahnriemens in kg; $m_{p,red}$ reduzierte Masse der Zahnscheibe in kg; $m_{Spann,red}$ reduzierte Masse der Spannrolle in kg; ρ_p, ρ_{Spann} Dichte des Werkstoffs von Zahnscheibe bzw. Spannrolle in kg/dm³; F_t zu übertragende Tangential- bzw. Umfangskraft in N; F_R Reibkraft in N; F_{Arb} Arbeitskraft in N.

Masse-Angaben für Zahnriemen enthält Tabelle 5.7. Diese Werte sind auf die angegebenen Bezugsriemenbreiten und je 1 m Riemenlänge normiert, so dass auf die reale Masse des Riemens mit einer zunächst angenommenen Breite umzurechnen ist.

In Abweichung zu der an ISO 5295 angelehnten Berechnung in Kapitel 5.2 ist für die Lineartechnik mit PU-Riemen die Verfahrensweise unter Benutzung einer spezifischen Zahnkraft üblich. Die Wahl dieses Berechnungsverfahrens erscheint gerechtfertigt, da in der Regel zum einen nur ausgewählte PU-Riemen zum Einsatz kommen, die in ISO 5295 ohnehin nicht berücksichtigt wurden. Zum anderen wirken in der Lineartechnik höhere Vorspannkräfte, die zu beachten sind.

Zielgröße der hier vorgestellten Berechnung ist die Riemenbreite, die für die Übertragung der nach Gl. (5.6) berechneten Tangential- bzw. Umfangskraft notwendig ist. Die Riemenbreite b_{notw} in mm ergibt sich aus Gl. (5.10) unter Nutzung der spezifischen Kraft F_{tspez} je Einzelzahn und je 10 mm Riemenbreite, **Tabelle 5.11**.

F_{tspez} ist lediglich von der Riemenzahngröße abhängig, so dass sich z.B. die Werte für AT10, ATL10 und BATK10 nicht unterscheiden. Entsprechend der tatsächlichen Eingriffszähnezahl z_e wird die Belastbarkeit des Riemens angepasst. Ist jedoch z_e größer als die maximale Größe z_{emax}, fließt sie in die Berechnung nur mit z_{emax} ein:

$$b_{notw} = \frac{F_t}{F_{tspez} \cdot z_e} \cdot 10 \quad \text{wobei} \quad z_e \le z_{emax} = 12, \quad (5.10)$$

mit b_{notw} notwendige Breite des Zahnriemens in mm; F_{tspez} spezifische Tangential- bzw. Umfangskraft in N (s. Tabelle 5.11).

Es sind die in Tabelle 5.7 angegebenen Mindest- sowie Standardbreiten b_s für Riemen zu beachten und ein sinnvoller Wert zu wählen.

Tabelle 5.11 Spezifische Tangential- bzw. Umfangskräfte F_{tspez} je Zahn und je 10 mm Riemenbreite für PU-Riemen /F2/, /F24/

Drehzahl n [U/min]	F_{tspez} je Zahn und je 10 mm Riemenbreite [N]			
	Zahnriemenprofil			
	AT3	AT5 / ATL5 / HTD5M	AT10 / ATL10 / BATK10 / HTD8M	AT20 / ATL20 / HTD14M
100	30,8	33,5	68,7	134,9
500	26,9	29,0	57,3	107,2
1000	24,1	25,7	49,5	88,4
1600	21,8	23,2	43,4	73,9
2000	20,7	21,9	40,3	66,7
3000	18,9	19,42	34,5	53,1
4000	16,9	17,61	30,3	43,2
5000	15,7	16,2	26,9	35,3
6000	14,6	15,0	24,2	28,9
	T2,5	T5	T10	T20
100	7,9	21,7	44,8	88,7
500	6,5	17,9	35,7	68,4
1000	5,7	15,9	30,7	57,2
1600	5,2	14,4	27,1	49,2
2000	4,9	13,7	25,4	45,3
3000	4,5	12,4	22,2	38,1
4000	4,2	11,4	19,9	33,0
5000	4,1	10,7	18,1	28,9
6000	3,8	10,0	16,6	25,6

4. Nachrechnung

Die Nachrechnung besteht in der Kontrolle der maximal auftretenden Trumkraft F_T und dem Vergleich mit der zulässigen Trumbelastung F_{Tzul}. Dabei spielen die unterschiedlich eingesetzten Zugstränge in den einzelnen Riemen eine entscheidende Rolle und sind im jeweiligen Wert F_{Tzul} berücksichtigt, **Tabelle 5.12**. In der Lineartechnik ist es üblich, die Vorspannkraft F_{TV} im Trum in der gleichen Größe wie die zu übertragende Umfangskraft F_t zu wählen. Da sich die vorhandene Trumkraft gem. Gl. (5.11) aus Vorspann- und Umfangskraft zusammensetzt, erfolgt die Kontrolle mit Gl. (5.12):

$$F_T = F_{TV} + F_t = 2 \cdot F_t \quad , \tag{5.11}$$

$$F_{Tzul} \cdot b_s \geq 2 \cdot F_t \quad . \tag{5.12}$$

Wird diese Bedingung erfüllt, hält der Zahnriemen den auftretenden Belastungen stand. Die Reißfestigkeit der eingesetzten Zugstränge liegt deutlich über den in Tabelle 5.12 angegebenen Werten, so dass keine weiteren Sicherheiten bei der Berechnung erforderlich sind.

Tabelle 5.12 Zulässige Trumkräfte F_{Tzul} je 1 mm Riemenbreite für PU-Riemen mit Zugsträngen aus Stahllitze /F2/, /F24/

Teilung p_b [mm]	F_{Tzul} je 1 mm Riemenbreite [N]			
	T-Trapez- profile	AT- / HTD- Hochleistungsprofile	BATK-Hoch- leistungsprofile	ATL-Hoch- leistungsprofile
3		38		
5	28	70		80
10	88	160	160	220
20	140	230		300

5.5 Transporttechnik

Die Dimensionierung des Zahnriemens erfolgt anhand der auftretenden Belastung. Es ist hier darauf zu achten, dass die Reibung zwischen Stützschiene und Zahnriemen nicht vernachlässigt werden darf. Da die Reibkraft insbesondere von der Masse der transportierten Güter abhängt und diese bei großen Förderstrecken erheblich werden kann, stellt sie häufig die wesentliche Belastung des Zahnriemens dar. Muss das Getriebe auch unter voller Belastung angefahren werden, ist mit dem Haftreibwert zu rechnen, andernfalls mit dem günstigeren Gleitreibwert. Die erforderliche Umfangskraft F_t bzw. das Drehmoment M_{dan} bei Verwendung eines vorzugsweise einzusetzenden Kopfantriebes ähnlich **Bild 5.12** berechnen sich nach Gl. (5.13) bzw. (5.14):

$$F_t = g \cdot m \cdot \mu \quad , \tag{5.13}$$

5 Tragfähigkeitsberechnung von Zahnriemengetrieben

$$M_{\text{dan}} = g \cdot m \cdot \mu \cdot \frac{z_{\text{p}} \cdot p_{\text{b}}}{2 \cdot \pi} \quad , \tag{5.14}$$

mit g Fallbeschleunigung (g = 9,81 m/s²); m Masse des gesamten Transportgutes auf dem Riemen in kg; μ Haft- oder Gleitreibwert zwischen Riemen und Stützschiene (von Anwendung abhängig); z_{p} Zähnezahl der Antriebszahnscheibe; p_{b} Teilung des Riemens in mm; M_{dan} erforderliches Antriebsmoment in N·mm.

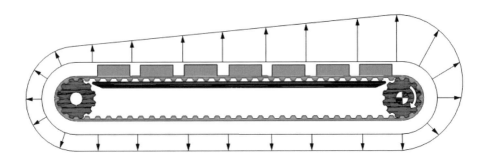

Bild 5.12 Kräfte im Zugstrang eines Zahnriemens beim Transport von Gütern im Falle eines Kopfantriebes (Quelle: TU Chemnitz, Institut für Allgemeinen Maschinenbau und Kunststofftechnik)

Hauptsächlich werden in der Transporttechnik Zahnriemen aus Polyurethan eingesetzt. Die Möglichkeit, spezielle Beschichtungen oder Nocken aufbringen zu können, sind dabei wesentliche Gründe, s. Kapitel 4.3. Um den Reibwert zwischen PU und Stützschiene zu senken, verwendet man häufig beschichtete Schienen oder solche aus Polyethylen PE mit Gleitreibwerten um 0,3. Andererseits lassen sich auch Zahnriemen mit Gewebebeschichtung auf der Zahnseite (PAZ – Polyamidgewebe zahnseitig) fertigen, die im Kontakt mit einer Stahlschiene Reibwerte zwischen etwa 0,2 bis 0,4 realisieren, wobei eine hohe Oberflächengüte des Stahls notwendig ist. PAZ-Gewebe sollte jedoch aus Verschleißgründen nicht direkt mit einer PE-Schiene gepaart werden.

Bei reinem Kontakt von PU mit Stahl ist dagegen mit Werten von 0,6 bis 0,8 zu rechnen, allerdings ist diese Reibpaarung für fördertechnische Anwendungen nicht zu empfehlen /F2/. Haftreibwerte sind um ca. 0,1 bis 0,2 höher anzusetzen und genauere Zahlenwerte ggf. experimentell zu ermitteln, da sie von vielen Einflussparametern abhängen.

Auch während des Betriebes sind die Reibwerte nicht konstant. Hohe Riemengeschwindigkeiten, große Transportmassen und kurze Riemenlängen lassen zusätzlich die Temperatur an der Kontaktstelle schnell steigen, was erheblichen Einfluss hat, **Bild 5.13**.

Bei der Auswahl von Stützschienen ohne Beschichtung sollten bevorzugt gewalzte oder gezogene Halbzeuge zum Einsatz kommen, da diese eine vorteilhafte, verdichtete Oberflächenstruktur aufweisen. Ein vorzeitiger Verschleiß des Riemens aufgrund der Rauheit des Werkstoffs wird somit weitestgehend ausgeschlossen.

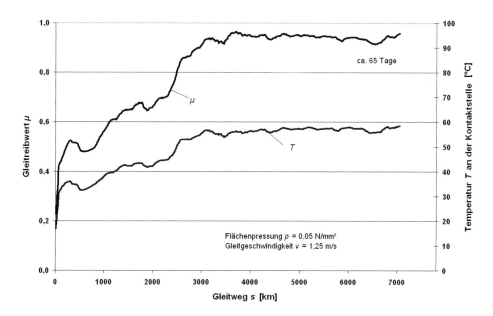

Bild 5.13 Gleitreibwert- und Temperaturänderungen als Funktion des zurückgelegten Transportweges bei Verwendung eines PU-Zahnriemens mit PAZ-Gewebe und einer Stützschiene aus Stahl (Quelle: TU Chemnitz, Institut für Allgemeinen Maschinenbau und Kunststofftechnik)

6 Vorspannung

Zahnriemengetriebe benötigen im Vergleich zu anderen Riemengetrieben wenig Vorspannung, um ein Drehmoment von der Antriebs- auf die Abtriebsscheibe sicher zu übertragen. Zu geringe Vorspannkräfte führen jedoch zu einem als „Riemenflattern" bezeichneten Verhalten, verbunden mit erhöhter Geräuschentwicklung, oder gar zum Überspringen der Riemenverzahnung über die der Abtriebsscheibe. Zu hohe Vorspannkräfte hingegen bergen die Gefahr der Riemenüberdehnung und belasten die Lager unnötig. Nur eine optimale Vorspannkraft garantiert daher eine maximale Lebensdauer des Getriebes und muss gewissenhaft berechnet, eingestellt und gesichert werden /A46/.

6.1 Aufgabe und Funktion der Vorspannung

Bei der Drehmomentübertragung im Zahnriemengetriebe entstehen Last- und Leertrum. Nach einer vereinfachten Betrachtung erhöht sich im Lasttrum die Trumkraft F_{Last} gegenüber der Vorspannungkraft F_{TV} um die Hälfte der Tangential- bzw. Umfangskraft F_t, im Leertrum verringert sie sich analog auf F_{Leer} (s. Bild 1.3):

$$F_{Last} = F_{TV} + \frac{F_t}{2} \, , \qquad (6.1)$$

$$F_{Leer} = F_{TV} - \frac{F_t}{2} \, . \qquad (6.2)$$

Mit diesen Kraftänderungen sind Dehnungen bzw. Entspannungen im Trum verbunden, die in ihrer Größe von den eingesetzten Zugsträngen und den jeweiligen Trumlängen abhängen. Die Entspannung im Leertrum darf dabei nicht zu Trumkräften nahe Null führen, da es sonst zu einem als „Hochlaufen" bezeichneten Aufklettern der Riemen- auf die Scheibenverzahnung kommt, **Bild 6.1**.

In **Bild 6.2** sind gemessene und berechnete Trumkraftwerte gemäß den Gln. (6.1) und (6.2) gegenüber gestellt. Während bei Belastungen bis etwa 50 % des Nenndrehmomentes die Unterschiede vernachlässigbar sind, steigen diese bei höheren Momenten deutlich an.

Bild 6.1 Erscheinungsbild des Zahneingriffs beim Leertrumeinlauf bei zu geringer (links) sowie bei richtiger Vorspannkraft (rechts)

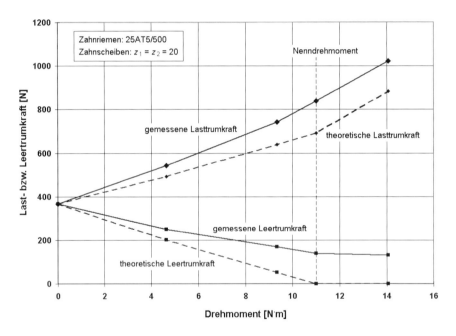

Bild 6.2 Trumkräfte, ermittelt nach den Gln.(6.1) und (6.2) sowie experimentell bestimmt

Insbesondere ist festzustellen, dass sowohl bei Nenndrehmoment (also zulässiges Drehmoment) als auch bei noch größeren Drehmomenten die reale Leertrumkraft nie ganz auf Null fällt. Der Grund dafür sind die beim Leertrumeingriff entstehenden Interferenzen bzw. Eingriffsstörungen, welche die Reibkräfte an der Verzahnung erhöhen und den Eingriff verzögern. Die Eingriffsstörungen sind am Hochlaufen des Riemens zu erkennen (s. Bild 6.1 links), welche ein Straffen des Leertrums bewirken. Mit steigendem Drehmoment nehmen die Eingriffsstörungen so lange zu, bis es zum Überspringen der Riemen- über die Scheibenverzahnung kommt. Dieses Straffen des Leertrums führt zu einem Ansteigen der Wellenkraft und somit der Lagerbelastung. Kurz vor Übersprung der Riemenverzahnung werden erheblich höhere Wellenkräfte auftreten, wie es **Bild 6.3** verdeutlicht.

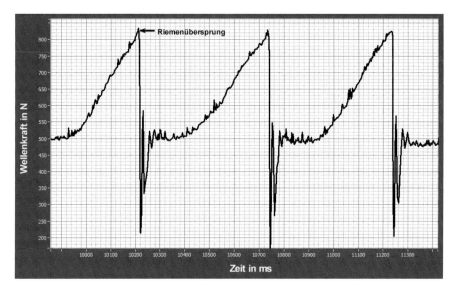

Bild 6.3 Starkes Ansteigen der Wellenkraft von 500 N bis auf etwa 900 N im Moment des Riemenübersprungs, Ursache: zu kleine Vorspannkraft bzw. zu großes Drehmoment

Die tatsächliche Kraft im Leertrum erreicht bei konstanter Vorspannkraft also mit zunehmendem Drehmoment zunächst ein Minimum, um danach, je nach Profil mehr oder minder schnell, bis hin zum Übersprung der Riemenverzahnung anzusteigen. Das Verhalten oberhalb des Nenndrehmomentes ist profilspezifisch ausgeprägt, hängt damit sowohl von der Verzahnungsgeometrie als auch von den eingesetzten Werkstoffen, insbesondere von dem der Zugstränge ab. Zahnriemen mit klassischem Trapezprofil, z.B. nach ISO 5296, besitzen eine vergleichsweise kleine Zahnhöhe und geringe Zugstrangsteifigkeiten. Sie neigen deshalb dazu, viel eher überzuspringen als solche mit Hochleistungsprofil. Hochleistungsprofile besitzen hingegen häufig einen ausgeprägten Bereich des Minimums und somit große Sicherheiten gegen Überspringen, **Bild 6.4**.

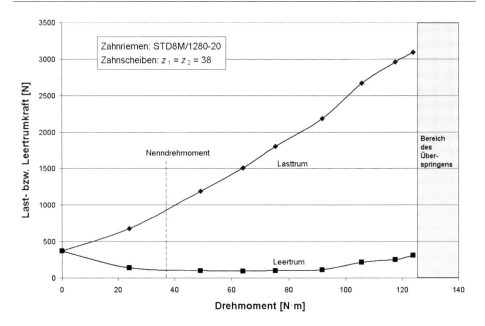

Bild 6.4 Experimentell bestimmte Trumkräfte

Mehrwellengetriebe erweisen sich als besonders kritisch bezüglich der Vorspannung. Da die Längen von Last- und Leertrum in derartigen Getrieben nicht gleich groß sind, führt eine Belastung des Riemens bei großen Lasttrumlängen zu relativ großen Dehnungen. Dieser Wert der Dehnung muss vom Leertrum kompensiert werden, was bei kleinen Längen desselben und hohen Getriebebelastungen nicht vollständig gelingen kann. Daher sind Getriebe mit großem Verhältnis von Last- zu Leertrumlänge viel problematischer zu bewerten als einfache Zweiwellengetriebe und entsprechend höher vorzuspannen. Die zulässigen Werte im Lasttrum sind dabei nicht zu überschreiten, andernfalls ist die Riemenbreite zu vergrößern. Unkritisch sind hingegen Mehrwellengetriebe mit einem Last-Leertrum-Verhältnis von kleiner eins einzuschätzen.

Aus umfangreichen Experimenten, insbesondere aus jenen der Automobilzulieferer, ist bekannt, dass eine maximale Lebensdauer des Zahnriemengetriebes nur in einem kleinen Bereich der Vorspannkraft erreicht werden kann. Es stellt sich daher die Frage nach der Größe dieser optimalen Vorspannkraft für den allgemeinen Anwendungsfall, die ohne zahlreiche und langwierige Versuche ermittelbar sein sollte. Die vielfältigen Einflussgrößen auf die Vorspannkraft, wie Belastung, Werkstoffwerte, Trumlängen, Profilgeometrie, Scheibenzähnezahlen usw., erschweren eine einfache mathematische Beschreibung. So existieren bezüglich der Vorspannungsberechnung bisher nur herstellerspezifische Richtwerte und Empfehlungen, s. Kapitel 6.2.

Eigene Untersuchungen dienen der Entwicklung eines allgemeingültigen Berechnungsverfahrens für die Vorspannkraft unter Beachtung profil- und werkstoffspezifischer Eigenschaften des Riemens. Der Grundgedanke geht auf getriebetechnische Anwendungsfälle zurück, in denen man mit einem Stroboskop (Blitzlampe) den Einlauf des Leertrums während des Betriebes beleuchtet, für gut oder schlecht befindet (s. Bild 6.1) und entsprechend die Vorspannkraft reguliert. Dieses Verfahren ist aber nur anwendbar, wenn die Belastung während der Beobachtung einigermaßen konstant und der Leertrumeinlauf für diese Maßnahme sichtbar ist. Jedoch kann dieser Ansatz für das Ableiten eines allgemeinen Verfahrens Verwendung finden, indem man ein bestimmtes Maß an Hochlaufen der Riemenverzahnung als maximal zulässig festschreibt. Dies ist für die verschiedenen Profile grundsätzlich möglich und damit eine profil- und werkstoffspezifische Komponente.

Neben diesem zulässigen Maß benötigt man das Istmaß des Hochlaufens als Ausdruck wirkender Belastungen, sich einstellender Dehnungen und von Profilwechselwirkungen. Gelingt es, diesen Wert zu berechnen, kann anhand realer Getriebeparameter auf die notwendige Vorspannkraft geschlossen werden /A41/.

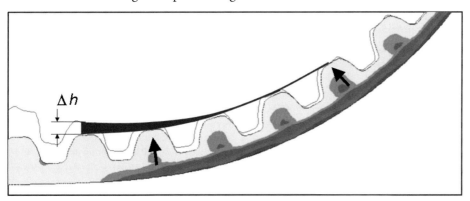

Bild 6.5 Einlaufkeil mit ortsabhängigem Wert Δh (Simulationsergebnis; Ausschnitt)

Für experimentelle Untersuchungen wurde das Maß Δh eingeführt, welches als ortsabhängiger Parameter das Hochlaufen des Riemens kennzeichnet, **Bild 6.5**. Dieses Hochlaufen der Riemenverzahnung wird häufig auch als „Einlaufkeil" oder „Ausrücken" bezeichnet. Δh ist messtechnisch einfach bestimmbar, z.B. mittels Laser-Triangulationssensoren, und dient als Referenz für berechnete Werte. Damit ist auch eine einfache Prüfbarkeit der Wirkung vorgeschlagener Vorspannkräfte bei verschiedensten Getriebeaufbauten möglich. Ebenso kann in Simulationsrechnungen mittels FEM ein Hochlaufverhalten der Riemenverzahnung in kritischen Antrieben nachgewiesen werden und dient somit auch zur Kontrolle.

6.2 Einflussparameter

Die **Bilder** 6.6 und 6.7 zeigen einige experimentell gewonnene Ergebnisse zum Einlaufkeil an realen Getrieben und beleuchten, wie unterschiedlich vergleichbare Zahnriemen auf Belastungen reagieren. Zu den wesentlichen Einflussparametern auf die Vorspannkraft zählen dabei Profilgeometrie, Belastung, Riemenlänge und Riemenbreite, der Werkstoff, der konstruktive Aufbau sowie die Spulung des Zugstranges, das Verhältnis von Last- zu Leertrumlänge, der wirksame Teilungsunterschied zwischen Riemen- und Scheibenverzahnung sowie Scheibenzähnezahl und Länge des Umschlingungsbogens.

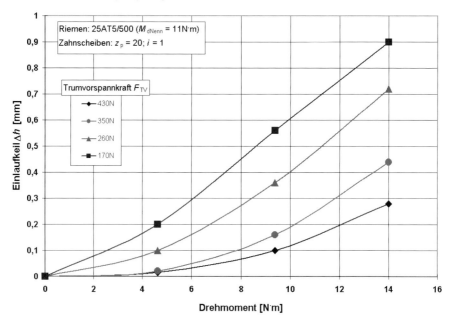

Bild 6.6 Einfluss der Trumvorspannkraft F_{TV} auf den gemessenen Einlaufkeil Δh

Die exemplarischen Messergebnisse in Bild 6.6 belegen den typischen Zusammenhang zwischen Einlaufkeil Δh und Drehmoment M_d mit der Vorspannkraft F_{TV} im

Trum als Parameter. Mit zunehmender Vorspannung sinkt allgemein die Gefahr des Überspringens.

Auch wenn diese Ergebnisse für alle Zahnriemengetriebe sinngemäß gelten, besitzen doch die einzelnen Profile unterschiedliches Verhalten, teilweise wurden sogar beträchtliche Unterschiede bei vergleichbaren Produkten ermittelt. Bild 6.7 belegt dies an ausgewählten Beispielen.

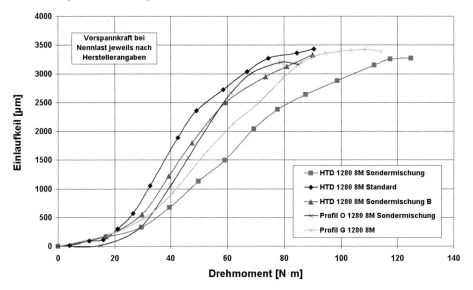

Bild 6.7 Gemessener Einlaufkeil verschiedener Zahnriemen

Wenn sich demnach der Einlaufkeil bei den einzelnen, ähnlichen Riemenkonstruktionen unterschiedlich einstellt, so muss die Aufteilung der Gesamtbelastung auf die im Eingriff befindlichen Zahnpaare ebenso verschieden sein. Diese, auch als Belastungsverteilung bezeichnete Aufteilung ist als Gütekriterium bedeutsam und spielt für viele Betrachtungen, insbesondere für solche bezüglich der Lebensdauer, eine große Rolle, s. Kapitel 7. Sie wird wesentlich durch die Vorspannkraft beeinflusst. **Bild 6.8** zeigt berechnete Belastungsverteilungen an der An- und Abtriebsscheibe eines Getriebes bei verschiedenen Vorspannkräften und belegt, dass ein entstehender Einlaufkeil die übertragbaren Kräfte im Bereich des Leertrumeingriffs mindert. Somit müssen andere Zahnpaare auf dem Umschlingungsbogen der Abtriebsscheibe höhere Kraftanteile tragen. Es ist ebenso erkennbar, dass unnötig hohe Vorspannungen Spitzenkräfte entstehen lassen, die jeder einzelne Riemenzahn während des Riemenumlaufs einmal ertragen muss. In der Regel wird daher der Riemen so hergestellt, dass er erst bei Nennbelastung und entsprechender Nennvorspannung Teilungsgleichheit besitzt und sich somit eine symmetrische Belastungsverteilung einstellen kann. Dies gilt als wesentlicher Garant für eine maximale Lebensdauer.

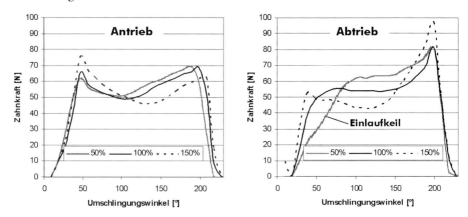

Bild 6.8 Belastungsverteilungen auf dem Umschlingungsbogen von An- und Abtriebsscheibe bei Nenndrehmoment und Vorspannungen von 50 %, 100 % sowie 150 % des Nennwertes (Simulationsergebnisse) nach /A41/ (Riemen OMEGA 8M-A 1280; HTD8M- Scheiben jeweils 38 Zähne)

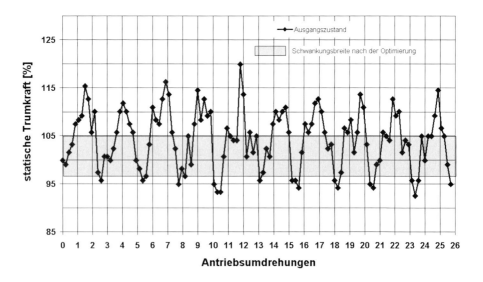

Bild 6.9 Schwankung der statischen Trumkraft infolge von Rundlaufabweichungen der Scheiben bei einem Getriebe mit hoher Steifigkeit im Zustand vor der Getriebeoptimierung und Toleranzband der Schwankungsbreite nach der Optimierung /A42/

Fertigungs- und Montageabweichungen im Getriebe, insbesondere Rundlaufabweichungen der Scheiben, führen zu Schwankungen einmal eingestellter Vorspannungswerte, **Bild 6.9**. Liegt zudem eine große Steifigkeit des Getriebes vor, wie dies bei besonders kurzen und breiten Hochleistungszahnriemen der Fall ist, so sind diese Schwankungen sehr groß. Abhilfe lässt sich in der Regel mit gesteigerter Genauigkeit bei der Scheibenfertigung erzielen.

Ein Nachlassen der Vorspannung nach wenigen Betriebsstunden ist nur bei einigen Zugstrangwerkstoffen festzustellen. Glasfaser-Zugstränge neigen dazu, sich zu setzen und bewirken ein Nachlassen bis zu 20 % der eingestellten Ausgangswerte. Dieses Abfallen der Vorspannkraft ist nach wenigen Betriebsstunden bei Glasfaser-Zugsträngen beendet, der Wert stabilisiert sich also bei etwa 80% des Ausgangswertes. Bei Zugsträngen aus Aramidfasern muss hingegen mit einem ständigen Setzen und der damit verbundenen, geringfügigen kontinuierlichen Längung des Riemens gerechnet werden. Daher sind die entsprechenden Zahnriemen in geeigneten Zeiträumen nachzuspannen. Zugstränge aus Stahllitze oder Kohlenstofffasern setzen sich im Allgemeinen nicht, so das damit ausgerüstete Riemen nicht nachgespannt werden müssen.

6.3 Größe der Vorspannkraft

Aufgrund der dargestellten Vielzahl von Einflussfaktoren ist es bisher nicht gelungen, eine allgemeingültige Vorschrift zur Größe der Vorspannung für die verschiedenen Profile vorzuschlagen. Man behilft sich meist mit Richtwerten. Im Zweifelsfall sind Versuche sinnvoll. Die Größe der notwendigen Vorspannkraft richtet sich in erster Linie nach der Belastung und dem zu realisierenden Getriebeaufbau. Zu empfehlen sind nach /F2/ folgende Richtwerte:

Zweiwellengetriebe:	Riemenzähnezahlen $z_b < 60$:	$F_{TV} = 1/3 \cdot F_t$	(6.3)
	Riemenzähnezahlen $60 \leq z_b \leq 150$:	$F_{TV} = 1/2 \cdot F_t$	(6.4)
	Riemenzähnezahlen $z_b > 150$:	$F_{TV} = 2/3 \cdot F_t$	(6.5)
Mehrwellengetriebe:	Lasttrumlänge $\leq$ Leertrumlänge:	$F_{TV} = F_t$	(6.6)
	Lasttrumlänge $>$ Leertrumlänge:	$F_{TV} > F_t$	(6.7)
Lineartechnik:		$F_{TV} \geq F_t$	(6.8)

mit F_{TV} Vorspannkraft im Trum in N; F_t Tangential- bzw. Umfangskraft, aus dem zu übertragenden Drehmoment resultierend, in N.

Das Wirken der Fliehkräfte ist bei der Berechnung der Leistungsdaten bereits berücksichtigt, so dass über die Kopplung der Vorspann- mit der Tangential- bzw. Umfangskraft dieser Sachverhalt beachtet wird.

6.4 Kontrolle der Vorspannung

In /A45/ sind verschiedene Verfahren zur Kontrolle der im Zahnriemen wirkenden Vorspannung bezüglich erzielbarer Genauigkeit und Zuverlässigkeit dargestellt. Die häufig in Katalogen beschriebene Durchdrückmethode, bei der der Riementrum mit einer Prüfkraft belastet und die Auslenkung desselben gemessen wird, schneidet dabei am schlechtesten ab. Unter Laborbedingungen wurden hiermit Abweichungen > 10 % erzielt. In der Praxis erscheint das Erzeugen einer hinreichend genauen Prüfkraft und das Feststellen der exakten Auslenkung des Riemens nur eingeschränkt möglich, so dass sogar mit Abweichungen von ± 25 % des gewünschten Sollwertes zu rechnen ist. Daher sollte diese Methode im Allgemeinen nur für untergeordnete Anwendungen zum Einsatz kommen.

Messungen der Transversal- oder auch der Torsionsschwingungen eines mittels Kraftimpuls zum Schwingen angeregten Riementrums erweisen sich hingegen als exakte, reproduzierbare Verfahren, welche lediglich eine etwas aufwendigere Gerätetechnik erfordern. Insbesondere das Messen der Transversalschwingung hat sich aufgrund der einfacheren Technologie durchgesetzt. Wird der Riemen mit einem Kraftimpuls angeregt, so schwingt der Trum mit seiner Eigenfrequenz, die je nach Dämpfung mehr oder minder schnell abklingt, **Bild 6.10**. Mit dem bekannten physikalischen Zusammenhang zwischen der Frequenz einer schwingenden Saite und ihrer Zugkraft, auch als Saitenschwingleichung bezeichnet, lässt sich aus der Frequenz auf die im Trum wirkende Kraft schließen. Dabei wird die Saite als ein linienhafter Schallgeber ohne Eigenelastizität aufgefasst und erhält die Schwingungsfähigkeit erst durch eine von außen aufgebrachte Zugspannung. Aufgrund der gleichmäßigen Massenverteilung ist die Saite ein Schwinger mit n Freiheitsgraden und besitzt demnach n Eigenfrequenzen. Die Grundfrequenz berechnet sich wie folgt:

$$f_0 = \frac{1}{2 \cdot l} \cdot \sqrt{\frac{F}{\rho \cdot A}} \quad , \tag{6.9}$$

mit F Spannkraft der Saite in N; A Saitenquerschnitt in m²; ρ Dichte des Saitenwerkstoffs in kg/m³; l Länge der Saite in m; f_0 Grundfrequenz in Hz.

Angewendet auf Zahnriemen ergibt sich der häufig genutzte Zusammenhang zwischen Vorspannkraft F_{TV} im Trum und gemessener Frequenz f, wobei zu beachten ist, die Trumlänge l in m einzusetzen:

$$F_{TV} = 4 \cdot m_b \cdot l^2 \cdot f^2, \tag{6.10}$$

bzw. unter Verwendung der eingeführten Riemenmasse m_{spez} je Bezugsriemenbreite:

$$F_{TV} = 4 \cdot \frac{m_{spez}}{b_{s0}} \cdot b_s \cdot l^2 \cdot f^2, \tag{6.11}$$

mit m_b Riemenmasse je 1 m Länge in kg/m; m_{spez} Riemenmasse je Bezugsriemenbreite und je 1 m Länge in kg/m (s. Tabellen 5.6 und 5.7); l Länge des Riementrums, an dem die Messung stattfindet, in m; b_{s0} Bezugsriemenbreite in mm; b_s verwendete Riemenbreite in mm; f Frequenz der Transversalschwingung in Hz.

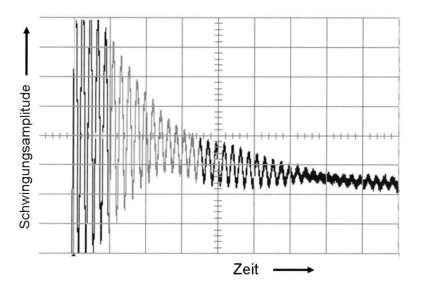

Bild 6.10 Gemessene transversale Trumschwingungen eines Zahnriemens

In den letzten Jahren wurden zahlreiche Geräte zur Messung der Transversalschwingungen entwickelt, so dass fast jeder Riemenhersteller eigene Messtechnik anbietet. Die verwendeten Sensoren arbeiten nach verschiedenen Wirkprinzipen, es sind optische, induktive und akustisch messende Sensoren im Einsatz. Die Störanfälligkeit des akustischen Prinzips versucht man durch zwei Sensoren auf beiden Seiten des

Trums auszugleichen, was in der Praxis nicht immer zufrieden stellende Ergebnisse liefert /A45/. Optische oder induktive Verfahren haben dagegen Vorteile, wobei induktive nur Riemen mit Zugsträngen aus Stahllitze detektieren können. **Bild 6.11** zeigt zwei typische, vollelektronische Messgeräte mit optischen Sensoren, welche für alle Riemenarten gleichermaßen anwendbar sind. Das Anregen des Trums zum Schwingen kann einfach durch Anzupfen oder Anschlagen des Riemens erfolgen.

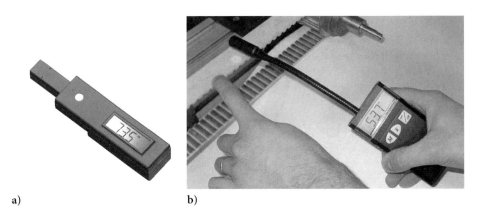

a)　　　　　　　　　　　　b)

Bild 6.11 Vorspannungskontrolle mittels spezieller Messtechnik jeweils mit optischem Sensor und Anzeige der Frequenz der transversalen Trumschwingung in Hz, /F22/
a) Messgerät VSM3; b) Messgerät VSM2 mit Datenspeicher im Einsatz

7 Wirkungsmechanismus der Kraftübertragung

Im Gegensatz zu Zahnradgetrieben besitzen Zahnriemengetriebe den Vorteil, die Gesamtbelastung nicht nur auf ein Zahnpaar, sondern auf eine Vielzahl gleichzeitig im Eingriff stehender Zähne aufzuteilen. Diese so genannte Belastungsverteilung wird dabei meist in grafischer Form zur Veranschaulichung der Höhe der Einzelzahnbelastungen der im Eingriff befindlichen Zahnpaare auf dem Umschlingungsbogen benutzt. Aufgrund der Verbundkonstruktion des Riemens und den mit den eingesetzten Werkstoffen realisierten Steifigkeiten gelingt eine exakt gleichmäßige Aufteilung der Gesamtbelastung auf die im Eingriff stehenden Zähne aber nicht.

7.1 Wellenkraft

Die Wellenkraft F_W stellt die Belastungskraft des Lagers dar und kann für den allgemeinen Fall nach **Bild 7.1** veranschaulicht werden. Sie berechnet sich aus den wirkenden Trumkräften F_{Last} und F_{Leer} sowie dem Umschlingungswinkel β:

$$F_W = \sqrt{F_{Last}^2 + F_{Leer}^2 - 2 * F_{Last} * F_{Leer} * \cos\beta} \quad . \tag{7.1}$$

Im Vorspannungszustand, d.h. ohne Wirken eines Drehmomentes, sind die Trumkräfte gleich groß und entsprechen der Trumvorspannkraft F_{TV}. Die Wellenkraft ergibt sich für diesen Zustand aus

$$F_W = 2 \cdot F_{TV} \cdot \sin\frac{\beta}{2} \quad . \tag{7.2}$$

Wirkt ein Drehmoment M_d, so entstehen unterschiedlich große Last- und Leertrumkräfte. Die Differenz zwischen diesen beiden Trumkräften entspricht der wirkenden Tangential- bzw. Umfangskraft F_t und berechnet sich mit dem Teilkreisdurchmesser d wie folgt:

$$F_\mathrm{t} = \frac{2 \cdot M_\mathrm{d}}{d} = F_\mathrm{Last} - F_\mathrm{Leer} \ . \tag{7.3}$$

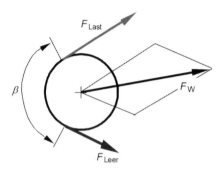

Bild 7.1 Aus den Trumkräften resultierende Wellenkraft

Bei Zahnriemengetrieben ist die Umfangskraft auf die Zahnpaare des Umschlingungsbogens aufzuteilen. Diese, auch Belastungsverteilung genannte Aufteilung, wird aufgrund ihrer großen Bedeutung für fast alle Bereiche des Betriebsverhaltens des Getriebes nachfolgend dargestellt.

7.2 Belastungsverteilung

Eine ideale Belastungsverteilung ist gegeben, wenn alle im Eingriff stehenden Zahnpaare die gleich große Beanspruchung erfahren. Als Beanspruchungsgröße dient dabei der jeweilige tangentiale Kraftanteil des Zahnpaares in Höhe des Wirkkreises, also der durch das Zahnpaar übertragene Umfangskraftanteil.

Aufgrund des Kraftabbaus auf dem Umschlingungsbogen von der Last- auf die Leertrumkraft und der endlichen Steifigkeiten des Zahnriemens kommt es jedoch zu einer unterschiedlich großen Einzelzahnbelastung. Ein zunächst einfaches Modell soll diesen Sachverhalt verdeutlichen. Man stellt sich dazu den Umschlingungsbogen einer Zahnscheibe abgewickelt als Zahnstange vor, die Zahnform soll hier vereinfacht einem Kastenprofil entsprechen. Die Teilung der Zahnscheibe, also der Abstand von Zahn zu Zahn, kann als konstant angesehen werden. In der Mitte des Umschlingungsbogens sollen sich zunächst zwei Riemenzähne im Eingriff befinden, die exakt eine gleich große Teilung besitzen wie die der Zahnscheibe.

Da beide Riemenzähne eine Kraft übertragen, werden sie sich in der Realität geringfügig deformieren, was als jeweilige Überdeckungsfläche modellhaft veranschaulicht wird und mit dem Maß X gekennzeichnet ist, **Bild 7.2a**.

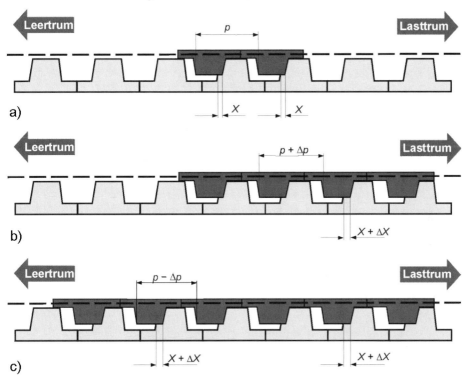

Bild 7.2 Einfaches Modell zum Verständnis des Entstehens einer Belastungsverteilung, Zahnscheibe als Zahnstange mit konstanter Teilung dargestellt
a) Riemenzähne in Mitte des Umschlingungsbogens besitzen gleiche Teilung wie Zahnscheibe;
b) Teilung der Riemenzähne vergrößert sich in Richtung Lasttrum;
c) Teilung der Riemenzähne verkleinert sich in Richtung Leertrum

Die Größe der Überdeckungsfläche steht also in Relation zur Belastung. Da die Teilung zunächst mit der Scheibenteilung exakt übereinstimmt, sind die beiden Deformationsflächen, also der Traganteil, gleich groß.

In der Mitte des Umschlingungsbogens wirkt eine Kraft in Höhe der Zugstränge, die in ihrer Größe zwischen der Last- und der Leertrumkraft liegen muss. Werden ausgehend von diesen beiden Riemenzähnen weitere in Richtung Lasttrum hinzugefügt, muss die Zugstrangkraft steigen. Da die Steifigkeit der Zugstränge endlich groß ist, wird sich die nächste Riementeilung geringfügig vergrößern. Ein Vergrößern der örtlichen Riementeilung führt aber zwangsläufig zu einer höheren Zahnkraft, dargestellt durch eine größere Überdeckungsfläche (Maß $X + \Delta X$ im Bild 7.2b). Dieser Vorgang lässt sich wiederholen, bis der Lasttrum erreicht ist.

Wendet man sich von der Mitte des Umschlingungsbogens in Richtung Leertrum, muss die örtliche Zugstrangkraft abnehmen. Die Riementeilung wird demzufolge kleiner. Die Belastung des nächsten Riemenzahnes nimmt dadurch aber zu, die Überdeckungsfläche vergrößert sich, Bild 7.2c. Dieser Vorgang kann nun fortgesetzt werden, bis der Leertrum mit seiner dort wirkenden Leertrumkraft erreicht ist.

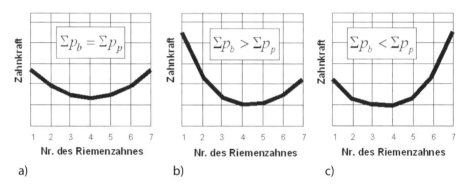

Bild 7.3 Arten von Belastungsverteilungen: a) symmetrische Belastungsverteilung; b) unsymmetrische Belastungsverteilung, Riemen zu groß; c) unsymmetrische Belastungsverteilung, Riemen zu klein

Stellt man diese einzelnen Zahnbelastungen grafisch dar, erhält man die so genannte symmetrische Belastungsverteilung, **Bild 7.3a**. Kennzeichen derselben sind die in etwa gleich großen Zahnbelastungen des ersten und des letzten Riemenzahnes sowie das Minimum der Belastung in der Mitte des Umschlingungsbogens. Im Gegensatz dazu treten auch unsymmetrische Belastungsverteilungen auf. Diese entstehen, wenn die Teilungen des Zahnriemens geringfügig zu groß bzw. zu klein sind. Da sich diese Teilungen auf dem Umschlingungsbogen bedingt durch den Kraftabbau ändern müssen, wird häufig die Summenteilung Σp_b für den Riemen benutzt. Sie stellt die Summe aller Einzelteilungen des Riemens auf dem Umschlingungsbogen dar. Analoges gilt für die Summenteilung Σp_p der Scheibe, die sich jedoch aufgrund üblicher Steifigkeiten aus konstanten Einzelteilungen zusammensetzt. Damit entstehen die in Bild 7.3b und c gezeigten unsymmetrischen Belastungsverteilungen.

Die Teilungen des Riemens werden aber nicht nur durch die kraftbedingten Dehnungen beeinflusst, sondern auch durch die Ausgangsteilung bei der Fertigung. Damit ist man in der Lage, eine bestimmte Belastungsverteilung einstellen zu können. Als ideal für eine lange Lebensdauer gilt die symmetrische Belastungsverteilung, die man häufig für den Nennbelastungsfall, also bei maximal zulässiger Belastung, anstrebt, da dann Kraftspitzen vermieden werden.

Im praktischen Einsatz des Getriebes treten aber auch Belastungen unterhalb der Nennbelastung auf, so dass in diesen Fällen keine symmetrische Verteilung mehr vorliegen kann. Jedoch sind dann auch die absoluten Kräfte geringer als bei Nennbelastung und somit sinkt die Gefahr einer Schädigung. Wie stark sich die Belastungsverteilungen ändern, hängt von den eingesetzten Werkstoffen und ihren Steifigkeiten ab, insbesondere denen der Zugstränge. Da man die Bedeutung der Belastungsverteilung und ihre Beeinflussung bereits in den 70-iger Jahren des letzten Jahrhunderts erkannte, erarbeitete man damals erste Berechnungsmodelle, in denen die Steifigkeiten bestimmter Regionen im Zahnriemen eine zentrale Rolle spielen, s. Kapitel 7.3.

7.3 Federmodelle

Systeme, die für die analytische Behandlung zu kompliziert sind, versucht man mittels Modellen abzubilden und mit Simulationsrechnungen zu analysieren. Dabei ist grundsätzlich jedes Modell eine Abstrahierung der Realität und kann diese nur relativ genau wiedergeben. Demzufolge hat man verschiedene Arten von Modellbildungen entwickelt, die sich in Aufwand und Güte der Ergebnisse unterscheiden. Mit der numerischen Simulation versucht man diese Modelle zu lösen und Erkenntnisse für das Verhalten des Systems in der Realität abzuleiten. Dies gilt insbesondere für Parameter, die durch Messungen nicht oder nur sehr schwer zugänglich sind.

Ein Modell wird zweckorientiert entwickelt, d.h. mit möglichst wenig Aufwand viele Erkenntnisse zu generieren. Dabei werden in der Regel nur für die Untersuchungen wichtige Eigenschaften der Realität im Modell abgebildet, nicht interessierende hingegen vernachlässigt. Da jedes Modell die Realität nur unzureichend genau wiedergeben kann, sind Validierungen, also experimentelle Überprüfungen, erforderlich. Erst nach erfolgreicher Validierung ist das Modell nutzbar.

Strukturmechanische Simulationsmodelle dienen der Berechnung auftretender mechanischer Kräfte und Spannungen, die sich i. allg. aus den Deformationen der verwendeten Modellelemente ergeben. Das Werkstoffverhalten ist den Elementen zu hinterlegen. Eine Reihe von älteren Veröffentlichungen beschreiben erste Zahnriemenmodelle, die auch als Federmodelle bezeichnet wurden und die zur Berechnung von Belastungsverteilungen dienten /A47/ bis /A49/, /B12/ bis /B14/ u.a. Einfache Modelle arbeiten lediglich mit der Steifigkeit c_s der Zugstränge, anspruchsvollere mit weiteren Steifigkeiten, z.B. c_V für die Verzahnung sowie c_u für den Wirklinienabstand, **Bild 7.4**. Diese Modelle sind die Basis für die Entwicklung heutiger Mehrkörpersysteme zur Berechnung dynamischer Vorgänge im Getriebe, vgl. Kapitel 7.5.

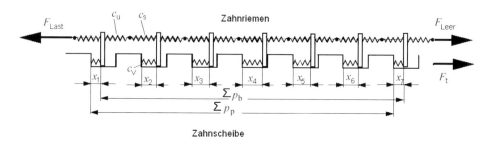

Bild 7.4 Einfaches Federmodell nach /B14/

Insbesondere die in den 70-iger Jahren aufkommenden Zahnriemen-Anwendungen für den Nockenwellenantrieb im Kfz verstärkten die Bemühungen für derartige Modellentwicklungen. Mit ihnen gelang es nicht nur, das Verständnis des Kraftwirkungsmechanismus im Zahnriemengetriebe zu fördern, sondern auch gezielt erste Optimierungen vorzunehmen. **Bild 7.5** zeigt beispielhaft einige Ergebnisse aus /A49/ zur Beeinflussung der Belastungsverteilung durch den wirksamen Unterschied zwischen Riemen- und Scheibenteilung. Die Verteilung beispielsweise im Ausgangszustand (Teilungsunterschied definiert zu 0 mm) bewirkt eine hohe Zahnkraft an den ersten Zähnen und gleichzeitig sehr geringe Kräfte an den letzten. Bei Bewegung der Zahnscheibe muss jeder Riemenzahn diese Belastungsspitze durchlaufen, was einer maximalen Lebensdauer abträglich ist. Da die Teilungen von Riemen und Scheiben während der Fertigung beeinflusst werden können, ergeben sich Möglichkeiten der Optimierung, z.B. hinsichtlich symmetrischer Belastungsverteilung. Eine Reduzierung der Lastspitzen bei gleichzeitiger Anhebung der Lastminima wäre hier vorteilhaft, z.B. mit einem Teilungsunterschied von –0,02 mm, d.h. die Teilung des Riemens wurde im Vergleich zum Ausgangszustand um 20 μm verkleinert. Dieser Zustand kann auch durch Vergrößern der Scheibenteilung um +20 μm erreicht werden.

Nachteilig an derartigen Federmodellen ist die beschränkte Aussagekraft, da man grundsätzlich nur mit einer Gesamtkraft je Zahn arbeiten kann. Der genaue Kraftangriffspunkt sowie deren Wirkungsrichtung muss dabei angenommen werden. Ebenso ist eine Messung von Zahnkräften, z.B. über das Deformieren eines als Biegebalken hergerichteten Scheibenzahnes, nicht nur schwierig, sondern auch wenig aussagekräftig. Kontaktprobleme, wie z.B. Flächenpressungen, oder Interferenzen der Verzahnungen sind damit ebenso nicht erkennbar. Erst mit deutlichen Fortschritten in der Rechentechnik gelang es, detailliertere Modelle zu entwickeln, s. Kapitel 7.4 und 7.5. An der grundsätzlichen Aufgabenstellung derartiger Modellentwicklungen hat sich nichts geändert, sie dienen der Optimierung des Getriebes. Dabei ist zwischen strukturmechanischen Modellen und solchen zur Berechnung des dynamischen Verhaltens zu unterscheiden, die bisher noch mit verschiedenen Software-Werkzeugen erstellt werden. Mit der weiteren Entwicklung moderner Hard- und Software ist ein Verschmelzen beider Systeme anzunehmen.

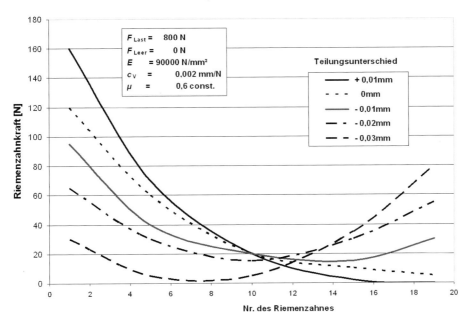

Bild 7.5 Einfluss des Teilungsunterschiedes zwischen Riemen und Scheibe auf die Belastungsverteilung nach /A49/ (Riemen-Elastizitätsmodul E, Zahnsteifigkeit c_v, Reibwert μ)

7.4 Strukturmechanische Simulationsmodelle - FEM

Das Besondere an der Finite-Element-Methode FEM besteht darin, dass man ein Modell für das zu untersuchende Objekt aus einer Vielzahl definierter, kleiner

Einzelelemente zusammensetzt. Je nach Software werden verschiedene Grundelemente zur Verfügung gestellt, z.B. ebene Elemente wie Dreiecke und Vierecke oder Raumelemente, wie Tetraeder und Quader. Jedem Element kann aus einer Anzahl vorgegebener Gesetzmäßigkeiten das passende Werkstoffverhalten zugeordnet werden. Somit können sehr komplexe Modelle entstehen, die die Geometrie und das Werkstoffverhalten des Originals möglichst gut nachbilden.

Da Zahnriemen aus einem Verbund mehrerer Werkstoffe mit unterschiedlichen Charakteristiken bestehen, ist eine Modellierung mit der Methode FEM sehr gut geeignet. Zahnriemen mit Standardverzahnung können sogar vereinfacht als 2D-Modell abgebildet werden, was Aufwand und Rechenzeit spart und trotzdem gute Ergebnisse liefert, **Bild 7.6**. Werden hingegen Sonderverzahnungen mit veränderlichen Parametern über die Riemenbreite untersucht, wie z.B. Pfeil- oder Bogenverzahnung, sind 3D-Modelle notwendig. Bei dem hier gezeigten 2D-Modell ist sogar der Zugstrang ohne reale Geometrie abgebildet, dennoch besitzen die verwendeten Zugstrangelemente die gleichen Zug- und Biegesteifigkeiten des realen Stranges. Vorteilhaft ist dabei, dass der Rechenaufwand dieses Modells erheblich sinkt. Nachteilig hingegen ist das notwendige Auffüllen des Zugstrangraumes mit Elementen aus Basis-Elastomer. Darüber hinaus existieren Modelle, die mit komplexeren Zugstranggeometrien arbeiten. Welches Modell zum Einsatz kommt und welche Vereinfachungen zulässig sind, hängt von der geforderten Genauigkeit und den akzeptierten Rechenzeiten ab. Bild 7.6 zeigt darüber hinaus, dass die stabilisierende Gewebeschicht über die Riemenverzahnung bei Gummi-Zahnriemen auch bei der Simulation unverzichtbar ist. Für die Berücksichtigung der Wechselwirkungen inklusive der Reibvorgänge zwischen Riemen und Scheibe bei der FE-Rechnung ist das Vorhandensein von so genannten Kontaktpaaren zwingend notwendig. Dazu sind die Riemen- und Scheibenoberflächen mit entsprechenden paarweisen Kontaktelementen zu versehen. Aus den verschiedenen Charakteristiken der Kontaktelemente sind jene auszuwählen, die eine Gleitbewegung der Elemente aufeinander ermöglichen. Die Zahnscheibe wird häufig als ideal steif angesehen und durch wenige Elemente modelliert, da sie sich im Gegensatz zum Riemen nur unwesentlich verformt.

Eine Reihe von Untersuchungen mit verschiedenen FE-Modellen sind bekannt, z.B. /B15/, /B16/, /A7/, /A11/, /A50/. Modelle, welche das Betrachten nur einiger weniger Zahnpaare des Umschlingungsbogens gestatten, hatten früher ihre Berechtigung, erscheinen heute aber nicht mehr praxisrelevant. Für das Untersuchen des Ein- und Auslaufverhaltens des Riemens sowie für Produktoptimierungen ist das Abbilden des gesamten Umschlingungsbogens erforderlich.

Häufig sind konkrete Verbesserungen im Betriebsverhalten bestehender Zahnriemenprofile oder das Entwickeln neuer Produkte die Zielvorgabe für derartige Simulationen. Obwohl der Aufwand zum Erstellen der Modelle zunächst groß ist, sind mit einem geprüften Modell schnell praxisnahe Ergebnisse zu erzielen. Außerdem gelingt es, den Einfluss einzelner Faktoren zu untersuchen und zu optimieren. Experimente und Feldversuche werden dann zwar nicht überflüssig, aber in ihrer Anzahl deutlich reduziert. Das spart nicht nur erheblichen Aufwand an Material, Energie und Personalkosten, sondern liefert auch sehr schnell Ergebnisse mit eindeutiger Ursachenzuordnung. Einige Möglichkeiten sollen nachfolgend vorgestellt werden.

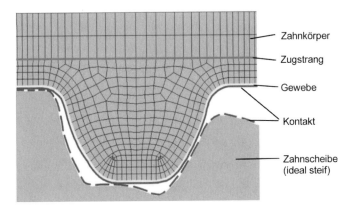

Bild 7.6 2D-Modell eines Riemenzahnes aus Gummi-Elastomer und der zugehörigen Scheibenlücke mit Finiten Elementen (Ausschnitt aus Gesamtmodell)

Allgemein gilt, die mechanische Spannung und die Deformation sind über die Werkstoffsteifigkeit miteinander verknüpft /B31/. Deshalb eignen sich beide Größen gleichermaßen, um die Belastungen zu beurteilen. Der Spannungszustand im Bauteil ist in der Regel mehrachsig. Da nicht alle kritischen mehrachsigen Spannungszustände erfassbar sind, sucht man nach Möglichkeiten, aus dem vorliegenden eine Kennzahl bzw. Vergleichsgröße, die so genannte Vergleichsspannung, zu berechnen. Diese Größe gilt als Maß für die vorliegende Beanspruchung und kann dann mit einem um den Sicherheitsfaktor reduzierten Werkstoffkennwert, der zulässigen Spannung, verglichen werden. In der Regel lässt sich dieser in einem einachsigen Zugversuch ermitteln.

Im Ergebnis einer allgemeinen Simulationsrechnung liegen die bis zu sechs verschiedenen Komponenten eines Tensors zweiter Stufe (räumlicher Verzerrungs- und

Spannungstensor) vor. Der häufig verwendete Spannungstensor S besteht aus den drei Normalspannungen σ in der Diagonale der 3x3-Matrix sowie den Schubspannungen τ und berechnet sich wie folgt:

$$S = \begin{pmatrix} \sigma_x & \tau_{xy} & \tau_{xz} \\ \tau_{yx} & \sigma_y & \tau_{yz} \\ \tau_{zx} & \tau_{zy} & \sigma_z \end{pmatrix} \quad mit \quad \tau_{xy} = \tau_{yx}, \quad \tau_{xz} = \tau_{zx}, \quad \tau_{yz} = \tau_{zy} \; . \qquad (7.4)$$

Für jeden beliebigen Spannungszustand existiert ein Koordinatensystem, in dem ausschließlich die Normalspannungskomponenten des Spannungstensors, also die Werte der Diagonale, besetzt sind. Die Schubspannungen sind dann Null und die Normalspannungen extrem groß. Man bezeichnet diese als Hauptnormal- oder kurz Hauptspannungen. Bei der hier verwendeten Software ANSYS ist die erste Hauptspannung σ_1 als die größte positive und die dritte σ_3 als die größte negative der drei Hauptspannungen definiert. Demzufolge geben die erste und dritte Hauptspannung Aufschluss über die hochbelasteten Bereiche im Zahnriemen und lassen auch eine Unterscheidung zwischen Zug- und Druckspannung zu.

Zur Berechnung der Vergleichsgröße existieren in Abhängigkeit von den Werkstoffeigenschaften unterschiedliche Berechnungsvorschriften, die sich auf verschiedene Hypothesen stützen. Die Hypothese von der Gestaltänderungsarbeit nach *Huber, von Mises* und *Henky*, auch HMH-Kriterium oder Oktaederschubspannungs-Kriterium genannt, hat eine herausragende Stellung eingenommen. Nach dieser Theorie haben alle drei Hauptspannungen Einfluss auf den Bruchvorgang, und die berechnete Vergleichsgröße wird als „*von Mises*-Vergleichsspannung" bezeichnet:

$$\sigma_{v\, von\, Mises} = \frac{1}{\sqrt{2}} \cdot \sqrt{(\sigma_1 - \sigma_2)^2 + (\sigma_2 - \sigma_3)^2 + (\sigma_3 - \sigma_1)^2} \; . \qquad (7.5)$$

In der Literatur wird berichtet, dass man bei der Mehrzahl der Kunststoffe mit dem HMH-Kriterium für große Bereiche meist hinreichend genaue Ergebnisse erhält. Jedoch werden damit gleichzeitig Polymerwerkstoffe im Zugbereich überschätzt, wogegen man im Druckbereich im Allgemeinen zu sichere Werte erhält. Außerdem lässt sich mit dem HMH-Kriterium der Unterschied in den Werkstoffeigenschaften unter Zug- und Druckbeanspruchung nicht erfassen. Demzufolge ist die *von Mises*-Vergleichsspannung nur bedingt bei der Simulation von Zahnriemengetrieben nutzbar. Insbesondere für vergleichende Untersuchungen ist sie aber wertvoll, andernfalls sind die berechneten Hauptspannungen separat zur Bewertung des Getriebes heranzuziehen.

Bild 7.7 zeigt die Hauptspannungen an einem Zahnriemengetriebe mit AT-Profil. Gut zu erkennen sind die Zugspannungen im Riemenrücken aufgrund der Zug- und Biegebelastung (1. Hauptspannung) sowie die lokalen Druckspannungen an der Zahnflanke (3. Hauptspannung) des noch nicht vollständig eingegriffenen Riemenzahnes.

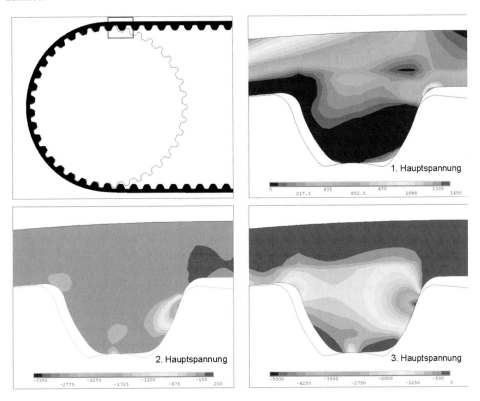

Bild 7.7 AT10-Getriebe-Modell sowie Contourplot der drei Hauptspannungen des 1. Zahnes am Lasttrumeinlauf eines belasteten Getriebes (Zugstrang zur Verdeutlichung der Spannungen im Elastomer ausgeblendet; Werte in mN/mm²)

Da mit der hier verwendeten Methode auch schrittweise Bewegungen des Getriebes während der Simulation möglich sind, lassen sich Veränderungen in den Spannungen gut darstellen. **Bild 7.8** dokumentiert beispielhaft das Ansteigen des Kontaktdruckes (Flächenpressung) an der Riemenzahnflanke für das höchstbelastete Einzelelement sowie den zurückgelegten Gleitweg während des Eingriffsvorganges. Die Ergebnisse belegen, dass Teile der Zahnflanke unter erheblicher Flächenpressung relativ große Wege zurücklegen müssen. Mit Hilfe zulässiger Werte ist zu prüfen, ob Änderungen an der Geometrie, am eingesetzten Werkstoff oder an der Vorspannung bzw. Belastung vorgenommen werden müssen, um eine hohe Lebensdauer zu garantieren.

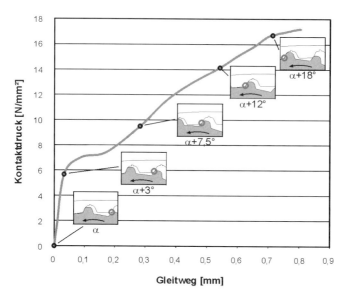

Bild 7.8 Kontaktdruck des höchstbelasteten Flankenelementes beim Lasttrumeinlauf eines AT10-Getriebes bei Nennbelastung

Mit der Vielzahl der Elemente des Modells eines Zahnriemengetriebes sind jetzt auch detaillierte Informationen zu den Kräften im Zugstrang auf dem Umschlingungsbogen möglich, **Bild 7.9**. Dieser scheinbar linear verlaufende Kraftabbau lässt vermuten, dass die einzelnen Zähne des Zahnriemens gleich hoch belastet werden. Dies ist aber nicht so. Betrachtet man den Kraftunterschied zwischen zwei Zähnen und die absolute Größe der Zugstrangkraft, dann sind unterschiedliche Zahnbelastungen ableitbar. Mit der beschriebenen Art der Darstellung als Belastungsverteilung (s. Kapitel 7.2) treten dann die unterschiedlich hohen Zahnbelastungen deutlich hervor.

Aus dem Zugstrangkraftverlauf lässt sich also die Belastungsverteilung im Zahnriemen ableiten. Dabei setzen sich die Zahnkräfte jeder einzelnen Flanke aus der Wirkung vieler kleiner Anteile zusammen, **Bild 7.10**. Für die Zahnbelastung im Sinne eines Tangential- bzw. Umfangskraftanteiles des gesamten Zahnes sind die tangentialen Anteile dieser Einzelkräfte zu benutzen. Untersuchungen nach /A42/ vermitteln Ergebnisse, die an einem Zahnriemengetriebe für die Kfz-Lenkhilfe berechnet wurden. Die Belastungsverteilung eines solchen Getriebes im Ausgangszustand verdeutlicht **Bild 7.11** und lässt noch Bedarf zur Optimierung des Getriebes erkennen, da deutliche Kraftspitzen an den ersten Zähnen auftreten. Gleichzeitig sind mehrere Belastungsverteilungen hintereinander dargestellt, die die Veränderungen bei Bewegung des Getriebes um einen Scheibendrehwinkel α belegen. In diesem Anwendungsfall sind kaum Unterschiede zu erkennen, da die Belastung während der Bewegung nahezu konstant bleibt. Generell sind mit dieser Methode aber auch Belastungsschwankungen oder -stöße zu berechnen und in derartigen 3D-Diagrammen anschaulich darstellbar.

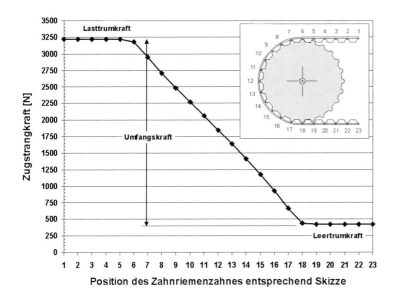

Bild 7.9 Berechnete Zugstrangkräfte eines Zahnriemens mit AT-Profil auf dem Umschlingungsbogen der Antriebsscheibe bei Nennlast und optimaler Belastungsverteilung

Des Weiteren lässt sich die Lage des Zugstranges aus den Simulationsergebnissen extrahieren. Damit können sowohl der Einfluss der Vorspannkraft (**Bild 7.12**) als auch der so genannte Polygoneffekt (s. Kapitel 9) verdeutlicht werden. Bild 7.12 belegt das besondere Wirken der Vorspannkraft im Bereich des Leertrumeinlaufs. Je geringer die Vorspannung ist, desto größer wird der Einlaufkeil, der an der Zunahme

146   7 Wirkungsmechanismus der Kraftübertragung

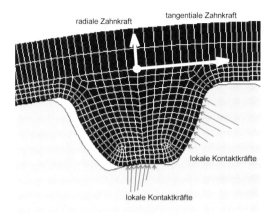

Bild 7.10 Die zusammengefasste Wirkung lokaler Kontaktkräfte im radialen und tangentialen Anteil der Zahnkraft

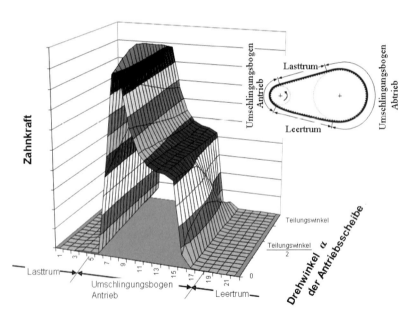

Bild 7.11 Berechnete Belastungsverteilung eines Zahnriemens mit HTD-Profil auf dem Umschlingungsbogen der Antriebsscheibe bei Extrem-Belastung und stufenweiser Drehung der Zahnscheibe (Zustand vor der Optimierung)

der radialen Abweichung in diesem Bereich zu erkennen ist. Der Lasttrumauslauf bleibt dagegen unberührt. Das gilt für die Lage der Zugstränge, nicht aber für die auftretenden Belastungen im Inneren der Zähne oder an den Zahnflanken, die zwischen den Zuständen mit 25 und 100 % Vorspannkraft erheblich unterschiedlich sind.

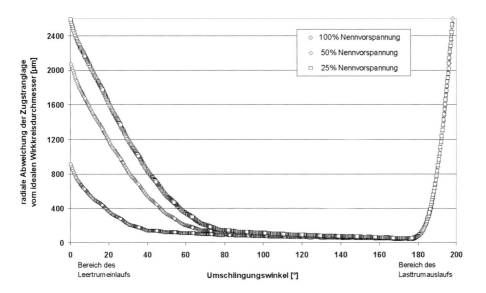

Bild 7.12 Berechnete Abweichungen von der idealen Zugstranglage beim STD8M-Profil an der Abtriebsscheibe als Funktion der Vorspannkraft

Nicht immer lässt sich mit 2D-Modellen arbeiten. Jedoch auch bei Verwendung von 3D-Modellen sind die grundsätzlichen Auswertungen die gleichen, einige Analysemöglichkeiten in Breitenrichtung kommen jedoch hinzu. Es ist zu beachten, dass für das Erzielen praxisrelevanter FE-Ergebnisse ein Einlaufen des Getriebes unter den entsprechend wirkenden Belastungen auch im Modell erfolgen muss. Obwohl der Modellierungs- und Rechenaufwand dafür erheblich ist, wird erst durch diesen Einlaufvorgang das Zusammenwirken der Verzahnungen realitätsnah abgebildet und die Belastungsverteilung eingestellt.

7.5 Simulationsmodelle zur Beschreibung dynamischer Vorgänge

Sofern Untersuchungen zur Dynamik über Versuche abzudecken sind, stehen entsprechende Erkenntnisse erst spät zur Verfügung und können nur mit großem Aufwand nachträglich in der Konstruktion berücksichtigt werden. Eine praxisgerechte dynamische Simulation verschafft hier bedeutende Vorteile hinsichtlich Entwicklungszeit und Effektivität. Modelle zur Beschreibung des dynamischen Verhaltens von Zahnriemengetrieben spielen bisher insbesondere für das Entwickeln von Kfz-Nockenwellenantrieben, häufig als Steuertrieb bezeichnet, eine große Rolle, z.B. /A6/ bis /A10/, /A44/, /B19/, /B20/, /B32/, /B33/. Im Hintergrund solcher Modelle erfolgt das Lösen von Differentialgleichungen im Zeitbereich. Damit sind Schwingungsvorgänge, nichtlineares Systemverhalten oder zeitlich veränderbare Parameter beschreibbar. Bei den Untersuchungen im Kfz beispielsweise sollen konstruktive Maßnahmen ein Überspringen des Zahnriemens zuverlässig verhindern, wie es vornehmlich im Tieftemperaturbereich und beim Rückwärtseinparken am Berg auftreten kann. Gleichzeitig muss an schwingungskritischen Riemenabschnitten sichergestellt sein, dass die Abstände zu den Nachbarbauteilen groß genug gewählt sind, um ein Anschlagen des Riemens zu vermeiden.

7.5.1 Einfache Netzwerkmodelle und Mehrkörpersysteme

Netzwerkmodelle oder Mehrkörpersysteme dienen dem Finden und Lösen der Differentialgleichungen im Zeitbereich eines Systems. Man stellt sich dabei das System des Zahnriemengetriebes aus der geeigneten Zusammenschaltung einzelner Teilsysteme (Riemen, Scheibe, Spannrolle usw.) bzw. Elemente vor und weist diesen definierte Eigenschaften zu. Nutzt man Analogien der Mechanik zur Elektrotechnik, können die aus der Elektrotechnik bekannten Gesetzmäßigkeiten, wie Maschensatz und Knotenpunktsatz, benutzt werden. Man fasst dann z.B. eine Geschwindigkeit als zeitabhängige Potentialgröße, analog einer elektrische Spannung, auf. Eine Kraft wird ähnlich einem elektrischen Strom als Flussgröße behandelt.

Bild 7.13 zeigt das einfache Modell eines Zahnriemen-Linearschlittens, bestehend aus einer mit der Winkelgeschwindigkeit Ω_1 rotierenden, trägheits- und dämpfungsbehafteten Antriebsscheibe, einem reibungsbehafteten Schlitten und einer rotierenden, trägheits- und dämpfungsbehafteten Umlenkscheibe. Zwischen dem Schlitten und den Scheiben befinden sich Riementrume der Steifigkeit k, wobei k_1 und k_2 von der Stellung x des Schlittens abhängig sind. Die Winkelgeschwindigkeit des Antriebs wird über den Scheibenradius r in eine Geschwindigkeit des angekoppelten Riementrumes umgeformt. Man geht hierbei von einer unmittelbaren Kopplung Riemen-Scheibe aus, ohne dass Vorgänge zur Belastungsverteilung (s. Kapitel 7.2) auf der Scheibe betrachtet werden können.

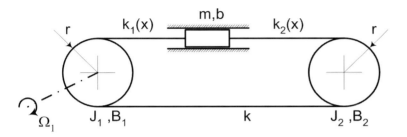

Bild 7.13 Modell eines einfachen Zahnriemen-Linearschlittens /A73/

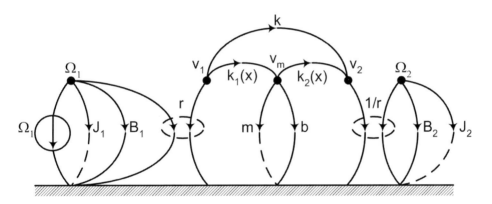

Bild 7.14 Strukturgraph des Modells nach Bild 7.13 /A73/

In der Vergangenheit benutzte man z.B. Strukturgraphen mit konzentrierten Elementen, um die Differentialgleichungen ableiten zu können. **Bild 7.14** zeigt für das Zahnriemengetriebe nach Bild 7.13 diesen Graphen. Man erkennt, dass die Winkelgeschwindigkeit Ω_1 wie eine Spannungsquelle eingeprägt wird. Die Kopplung Scheibe zu Riemen erfolgt durch den Wandler, der mit dem Scheibenradius r die rotatorische Geschwindigkeit Ω_1 in eine translatorische v_1 des ersten Riemenstückes umwandelt. Die Geschwindigkeit v_m des Schlittens ist mit denen der Trumstücke v_1 und v_2 über die zugehörigen Steifigkeiten gekoppelt. Über den Wandler $1/r$ ist der Riemen mit der Umlenkscheibe verknüpft.

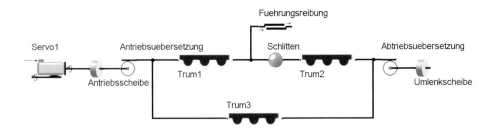

Bild 7.15 Einfaches Simulationsmodell eines Linearschlittens mit Zahnriemen

Moderne Simulationssysteme für dynamische Aufgabenstellungen, wie z.B. SimulationX /W5/, beinhalten vordefinierte, häufig benutzte Modellobjekte. Hierzu zählen Federn, Dämpfer, Massen, Wandler usw. Die ausgewählten Elemente beinhalten bereits die entsprechenden Differentialgleichungen und ermöglichen in den Koppelstellen Übergaben von Signalwerten, jedoch nur zwischen passenden Elementen. So können beispielsweise translatorische Signale, wie Weg, Geschwindigkeit und Kraft, nur zwischen Elementen übergeben werden, welche über eine translatorische, mechanische Schnittstelle verfügen. Überführt man obiges Modell in ein einfaches Mehrkörpersystem mit konzentrierten Elementen, so entsteht z.B. mittels SimulationX der in **Bild 7.15** gezeigte Aufbau. Man erkennt den Schlitten als Masse-Element mit angekoppelter Dämpfung, im Sinne coloumbscher Reibung. Der Schlitten ist mit der An- bzw. der Umlenkscheibe über Riemenelemente entsprechender Steifigkeiten verbunden, die als Werte oder Funktionen hinterlegt werden können. Die rotatorische Bewegung der Antriebsscheibe wird mittels eines Wandlers in eine lineare Bewegung übersetzt. Mit Hilfe dieses Modells können nun Simulationsrechnungen ausgeführt werden. Auf diese Weise lassen sich Informationen z.B. zur Schlittengeschwindigkeit, zu den Trumkräften oder zum Schwingungsverhalten berechnen. Benötigt man detaillierte Informationen, z.B. zum Kraftwirkungsmechanismus auf dem Umschlingungsbogen oder zum Schwingungsverhalten bei hochdynamischer Kraftanregung, dann muss das Modell verfeinert werden, vgl. Kapitel 7.5.2.

7.5.2 Anspruchsvollere Mehrkörpersysteme - MKS

Bei dieser Modellierung wird der Riemen nicht in grobe Trumabschnitte mit konzentrierten Elementen, sondern in sehr fein strukturierte Elemente diskretisiert, z.B. in einzelne Zahn-Elemente. Dies dient u.a. dazu, den Riemen-Scheibe-Kontakt besser abzubilden. Im Ergebnis der schrittweise durchgeführten Integrationsrechnungen liegen für jedes Element zeitabhängige Werte vor, wie z.B. die Kräfte an den Koppelstellen, die Lage, die Geschwindigkeit und die Beschleunigung. Somit ist das dynamische Verhalten im Sinne von Bewegungen, Kraft- oder Momentänderungen darstellbar. Dies lässt sich insbesondere zum Analysieren von Resonanzen sowie zum Ausschließen kritischer Belastungszustände nutzen, z.B. zum Feststellen kurzzeitig auftretender kraftloser Zustände des Riementrums. Gleichzeitig werden die Voraussetzungen geschaffen, um das Geräuschverhalten zu berechnen bzw. lärmkritische Zustände zu vermeiden.

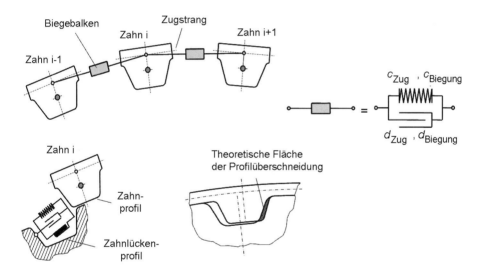

Bild 7.16 Modellierung eines Zahnriemengetriebes nach /A44/

Bild 7.16 zeigt Modellelemente für ein Zahnriemengetriebe, die sowohl die Steifigkeiten c und die Dämpfungswerte d als auch das Reibverhalten auf der Scheibe berücksichtigen. Wesentliche Nachteile dieser Vorgehensweise gegenüber einfachen Modellen lassen sich in einer hohen Anzahl von Freiheitsgraden sowie in hochfrequenten Anteilen der Systemantwort erkennen. Diese resultieren aus den kleinen Massen eines einzelnen Zahn-Elements und der großen Längssteifigkeit des Riemen-

Elements, wodurch die Zeitintegration mit kleinen Schrittweiten durchzuführen ist. Sind nicht nur ebene Schwingungen, wie z.B. Drehschwingungen, sondern auch räumliche Bewegungen zu berechnen, sind 3D-Simulationen mit allen Freiheitsgraden erforderlich. Modernste Simulationssysteme für Zahnriemengetriebe, wie z.B. das System EXCITE Timing Drive /A44/ (**Bild 7.17**), das SIMDRIVE 3D /B32/ oder das System DINA /A10/, können neben dem Riemengetriebe auch weitere Komponenten und Teilmodelle integrieren, womit sich ganze Antriebssysteme darstellen lassen.

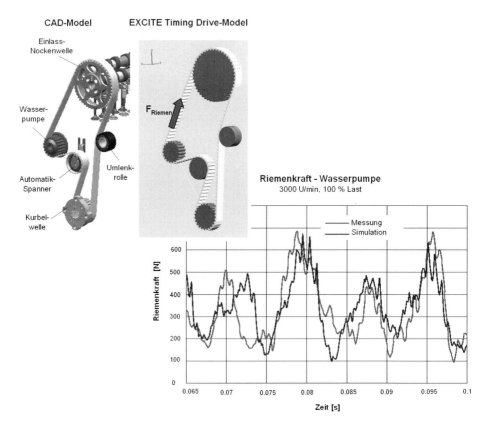

Bild 7.17 CAD-Modell, EXCITE Timing Drive -Simulationsmodell und Ergebnisse eines Volvo-Motors /A44/

Die Ausführungen in /A10/ beleuchten beispielhaft das Verwenden derartiger Modelle für die Analyse der Betriebsbedingungen eines Kfz-Steuertriebs mit Zahnriemen. Die Randbedingungen für das Modell ergeben sich einerseits durch den

Verbrennungsprozess und die dabei entstehende Drehungleichmäßigkeit der Kurbelwelle (KW), andererseits aber auch durch die Dynamik des Ventiltriebs und ggf. durch den Antrieb von Kraftstoff-Hochdruckerzeugern wie Common Rail Pumpe bzw. Pumpe-Düse-Elementen. Im unteren Drehzahlbereich dominiert die KW-Ungleichmäßigkeit. Die Kurbelwelle führt dabei Drehschwingungen aus, deren Amplituden mit steigender Motordrehzahl fallen. Im oberen Drehzahlbereich ist der Einfluss der wechselnden Nockenwellenmomente ausschlaggebend für das Verhalten des Riemengetriebes. Die zeitlich veränderlichen Nockenwellenmomente, wie auch die Ungleichmäßigkeit der Drehbewegung der Kurbelwelle, verursachen die Schwingungsanregung des Systems und sind für eine Rechnung vorzugeben. In der Regel werden sie messtechnisch bestimmt oder vorab mittels eigenständiger Simulation der Kurbelwellen- bzw. Ventiltriebsdynamik ermittelt. **Bild 7.18** zeigt beispielhaft die Ergebnisse der berechneten Schwingungsamplituden des Riemenabschnittes zwischen der Wasserpumpe und der Kurbelwelle des Steuertriebs eines Vier-Zylinder-Benzinmotors im Drehzahlbereich von 3500 U/min.

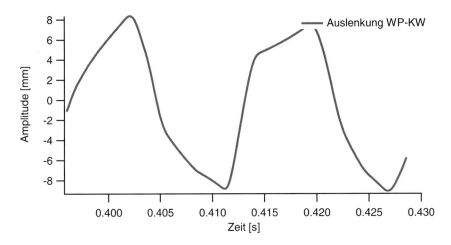

Bild 7.18 Berechnete Trumbewegungen im Riemenabschnitt zwischen Wasserpumpe (WP) und Kurbelwelle (KW) bei 3500 U/min, /A10/

Ebenso ist die Methode der Finiten Elemente unter Nutzung von Volumenelementen geeignet, Bewegungen im Raum zu analysieren. Da diese FE-Modelle nicht auf diskreten Zahn-Elementen, sondern auf noch viel kleineren Elementen aufbauen, sind hohe Rechenzeiten zu akzeptieren.

8 Verschleißverhalten und Lebensdauer

Das Dimensionieren von Konstruktions- und Antriebselementen erfolgt in der Regel unter Berücksichtigung erreichbarer Werte für die Zeit- oder Dauerfestigkeit, nur bei konstanter Belastung kann mit der statischen Festigkeit gerechnet werden. Bei der Berechnung von Zahnriemengetrieben liegen statistisch gesicherte Werte zum Verschleißverhalten nur für ausgewählte Nockenwellenantriebe der Kfz-Industrie vor /B17/. Für Industrieanwendungen gelingt selbst bei Kenntnis der auftretenden Belastungskollektive eine Dimensionierung bezüglich Zeitfestigkeit bisher nicht. Die Ursachen dafür liegen in den mangelnden Kenntnissen zu den wirkenden Verschleißmechanismen begründet. Man ist deshalb gezwungen, diese Getriebe dauerfest auszulegen. Ein vorgeschriebener Austausch von einzelnen Elementen nach bestimmten Service-Intervallen, wie z.B. Wechsel des Zahnriemens, erfolgt bisher nicht.

Nachfolgend wird versucht, Einblicke in den Stand der Technik zur Beschreibung des Verschleißverhaltens von Zahnriemengetrieben zu geben. Hier spielen insbesondere die Biegewechselfestigkeit des Zugstranges, die Scherfestigkeit und die Abriebfestigkeit der Riemenverzahnung eine Rolle. Bei richtiger Wahl des Werkstoffes für die Zahnscheiben ist deren Betrachtung für den Verschleißprozess im Getriebe in der Regel nicht notwendig, auch wenn eine fehlerhafte Scheibengeometrie zum Ausfall des Riemens führen kann.

Darüber hinaus werden Verschleißerscheinungen am Getriebe und ihre möglichen Ursachen aufgezeigt, um zu einer anwendungsorientierten Lösung im Verschleißfall beizutragen.

8.1 Biegewechselfestigkeit des Zugstranges

Der Zugstrang im Zahnriemen erfährt eine Zug- und Biegebelastung während eines Riemenumlaufes. Die Biegebelastung ist häufig eine Wechselbelastung, da der Riemen die Zahnscheiben und Spannrollen sowohl mit seiner verzahnten Seite als auch mit seiner Rückenseite umlaufen kann. Die Größe der dabei auftretenden Biegespannung hängt wesentlich vom Biegeradius ab, der aber nicht einfach mit dem

Scheibenradius gleichgesetzt werden kann. Bei den verzahnten Scheiben eines Zahnriemengetriebes kommt es zum so genannten Polygoneffekt, d.h. auf dem Umschlingungsbogen findet eine abschnittsweise Streckung des Riemens statt. Dieser Effekt ist aus der Kettentechnik bekannt und beschreibt die Änderung h des momentanen Laufradius innerhalb der Drehung um einen halben Teilungswinkel, **Bild 8.1** verdeutlicht die Wirkungsweise schematisch. Obwohl Zahnriemen keine Gelenke wie Rollenketten haben, kommt es dennoch zu einer mehr oder minder ausgeprägten Streckung des Riemens über der Zahnlücke der Scheibe. Diese Streckung ist nicht nur von der Scheibenzähnezahl abhängig, sondern auch profilspezifisch und insbesondere bei kopfabstützenden Profilen sehr klein. Daher ist der Einfluss des Polygoneffektes auf die Bewegungsübertragung bei Zahnriemengetrieben mit Hochleistungsprofil eher untergeordnet. Für die Höhe der Belastung des Riemens und vor allem die der Zugstränge spielt insbesondere der minimale Biegeradius aber eine entscheidende Rolle. Dabei sind die vom Polygoneffekt verursachten Biegeradien innerhalb einer umschlingenden Teilung nicht konstant und technisch kaum noch messbar. Erst Simulationsrechnungen gaben eine Vorstellung von dessen Größe und zeigten die auftretenden Schwankungen dieses Radius /B11/. Die am Beispiel des AT10-Profils ermittelten kleinsten Biegeradien des Zugstranges lagen ca. 25% unter denen des jeweiligen Wirkkreisradius der Zahnscheibe, **Bild 8.2**. Hierbei ist sicherlich der relativ große Wirklinienabstand beim PU-Zahnriemen mit der damit verbundenen Nachgiebigkeit vorteilhaft.

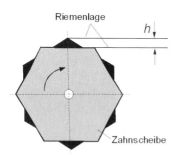

Bild 8.1 Prinzip des Polygoneffekts an Zahnriemengetrieben bei zwei Stellungen der Zahnscheibe

Auch in früheren FEM-Simulationen zum Stahllitze-Zugstrang /A51/ wurde bereits auf die polygonale und belastungsabhängige Zugstranglage auf dem Umschlingungsbogen sowie den Unterschieden bei der An- und Abtriebsscheibe hingewiesen. Die berechneten Biegeradien des kompletten Zugstrangs unterschieden sich damals aber noch deutlich von den tatsächlich auftretenden Radien an den kritischen Filamenten.

Erst komplexe Modelle des Zugstranges unter Berücksichtigung einzelner Filamente bildeten das Abstützen der Litze im Elastomer realistisch ab, was durch aufwendige experimentelle Untersuchungen nachgewiesen werden konnte /B11/. Gleichzeitig gelang es, die im Inneren des Zugstranges durch die Konstruktion, also durch die Verseilung entstehenden sekundären Biege- und Druckbelastungen der Filamente untereinander abzubilden, die nur örtlich begrenzt auftreten. **Bild 8.3** zeigt zunächst die Unterschiede in den Spannungen eines sehr einfachen 3x3-Zugstranges ohne Einbettung im Elastomer und die starke Ortsabhängigkeit der Spannungen aufgrund des gegenseitigen Abstützens der einzelnen Filamente.

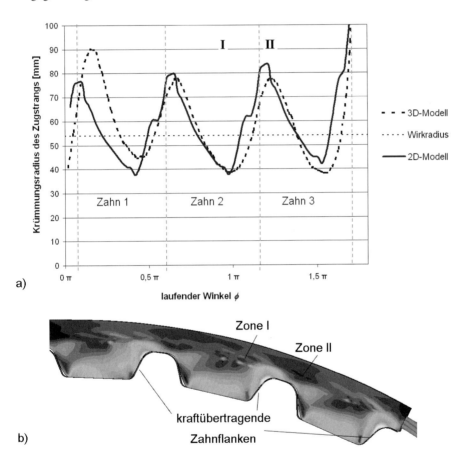

Bild 8.2 Biegung eines AT10-Riemensegmentes mit Stahllitze-Zugstrang 1+6 bei Zugbelastung mit 440 N/mm² und einem Zahnscheibendurchmesser von rund 100 mm /B11/
a) Gegenüberstellung von Ergebnissen aus Berechnungen mit 2D- sowie 3D-Modellen;
b) besonders hohe *vonMises*-Vergleichsspannungen in Zone I, deutlich geringere in Zone II

Bei der etwas aufwändigeren, aber für Zahnriemen interessanteren Konstruktion des Zugstranges 7x3/0,9, eingebettet in einem Riemensegment des Profils AT10, verursacht die resultierende Seilverformung bei reiner Zugbelastung außerhalb der Drahtzwischenräume lokal erhöhte Vergleichsspannungen im Polyurethan, **Bild 8.4**. Deren Größe kann Auskunft darüber geben, ob der Abstand zwischen den einzelnen Zugsträngen im Riemen ausreicht.

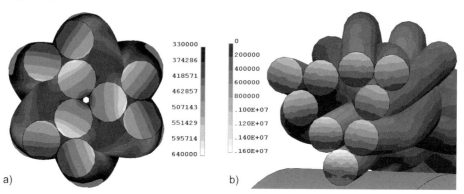

Bild 8.3 Spannungsverteilung im Stahllitze-Zugstrang 3x3 in mN/mm², /B11/
   a) Spannungen in Seillängsrichtung bei reiner Zugbelastung mit 440 N/mm²;
   b) vonMises-Vergleichsspannung bei zusätzlicher Biegung

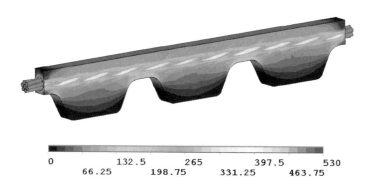

Bild 8.4 vonMises-Spannungsverteilung im Stahllitze-Zugstrang 7x3/0,9 in mN/mm² bei Zugkräften von 300 N /B11/

Der Einfluss des Elastomers auf die Spannungsverteilung im Zugstrang ist jedoch äußerst gering. Daher sind die bei zusätzlicher Biegung über eine Zahnscheibe im eingebetteten Elastomer entstehenden Spannungsunterschiede in den einzelnen

Abschnitten immer noch erkennbar, **Bild 8.5**. Dieses kopfabstützende Riemenprofil mindert die Biegung des Riemens im Abschnitt des Scheibenzahnkopfes, trotzdem treten dort immer noch erhöhte Spannungen in den äußeren Filamenten des Zugstranges auf. Die Elastomerschicht zwischen Zugstrang und Riemenlückengrund (Wirklinienabstand) ist bei Polyurethan-Zahnriemen relativ dick und verringert die Biegung durch ihre Nachgiebigkeit. Bei Riemen aus Gummi befindet sich so gut wie kein Elastomer zwischen Zugstrang und Lückengrund, so dass hier kritischere Biegezustände vorliegen könnten. Untersuchungen dazu sind bisher aber nicht bekannt.

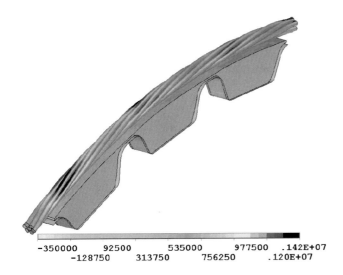

Bild 8.5 Längsspannungen im Stahllitze-Zugstrang 7x3/0,9 in mN/mm² bei Zugkräften von 300 N und Biegung (Zahnscheibendurchmesser ungefähr 100 mm; den Zugstrang umgebendes Polyurethan aus der Ansicht ausgeblendet) /B11/

Bild 8.6 zeigt grundlegende Unterschiede beim Ausfall eines Stahllitze-Zugstranges. Deutlich zu erkennen ist im Bild 8.6a der Bereich der Einschnürung, wie er aus der Werkstoffprüfung beim Zugversuch von Probekörpern aus Stahl bekannt ist und hier ein Indiz für Überlastung darstellt. Ein typischer Ermüdungsbruch ist hingegen in Bild 8.6b zu sehen.

Bei der Verwendung von Zahnriemen mit Glasfaser-Zugsträngen sind Dank der umfangreichen Untersuchungen an Kfz-Antrieben die Verschleißmechanismen etwas besser bekannt, z.B. /B17/. Drei Phasen sind hierbei von Bedeutung:

1. Phase: Abfall der Zugfestigkeit bis zu 20 % innerhalb weniger Betriebsstunden,
2. Phase: Nahezu konstante Zugfestigkeit über sehr lange Betriebsdauer,
3. Phase: Einsetzender progressiver Abfall der Zugfestigkeit bis zur Zerstörung.

Die erste Phase wird verursacht durch ein Dehnen der äußeren Filamente des Zugstranges, hervorgerufen durch die auftretenden Biegewechselbelastungen, wobei sich die Spannungen in den Kernfilamenten erhöhen. Gleichzeitig erfolgt ein Verdichten der Litze vom Rand her. Die ungleichmäßige Spannungsverteilung innerhalb der Litze führt deshalb bei Zugbelastung bzw. beim Prüfen der Reißfestigkeit zu geringeren Werten gegenüber denen einer neuen Litze.

In der Phase zwei hat sich dann ein stabiler Zustand eingestellt, der erst durch die Alterung des die Litze umgebenden Dipp (s. Kapitel 3.4.2.1) beendet wird.

In der dritten Phase brechen nach und nach einzelne Filamente bis hin zum Ausfall des gesamten Zugstranges. In /B17/ werden zwei Möglichkeiten der Folgen der Dipp-Alterung genannt. Die fehlende Unterstützung in mikroskopischen Bereichen des Einzelfilaments führt zu erhöhten Biegespannungen und aufgrund der brüchigen Beschichtung kommt es zu einer Berührung der Filamente untereinander.

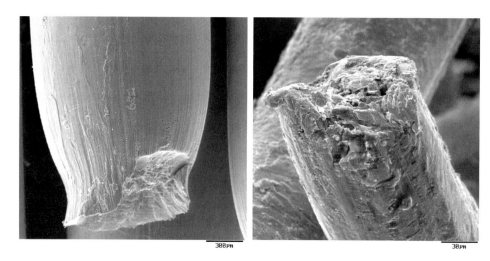

Bild 8.6 Schadensbilder zerstörter Stahllitze-Zugstränge
links: durch überhöhte Zugspannung; rechts: durch überhöhte Biegewechselbelastung

8.2 Scherfestigkeit der Riemenverzahnung

Die Flanke der Riemenverzahnung wird wechselseitig an der An- und Abtriebsscheibe belastet, woraus sich eine Beanspruchung des Zahnfußes auf Biegung und Scherung ableitet. Insbesondere Hochleistungsprofile weisen eine große Zahnfußbreite auf, was die Scherfestigkeit erhöht.

Symmetrische Belastungsverteilungen verhindern überhöhte Belastungsspitzen und somit auch hohe Scherbeanspruchungen. **Bild 8.7** belegt, dass die Belastungen der Riemenzähne nicht konstant sind und insbesondere im Fußbereich der ersten eingreifenden Zähne erhöhte Spannungen auftreten, die durch eine entsprechende Festigkeit aufgefangen werden müssen. Daher liegt bei PU-Zahnriemen die Härte verwendeter Elastomer-Mischungen mit ca. 92 Shore-A recht hoch. Bei Gummi-Zahnriemen dient die Gewebeschicht nicht nur der Reibwertminderung, sondern auch der Stabilisierung des Riemenzahnes und der Gewährleistung einer ausreichenden Scherfestigkeit. Wird die Gewebeschicht im Fußbereich des Riemens im Laufe der Getriebenutzung zerstört, z.B. durch eine falsche Belastungsverteilung, zu kleine Radien am Scheibenzahnkopf oder sehr lange Betriebsdauer, wird der Riemenzahn abgeschert.

Bild 8.7 Spannungen an der Riemenverzahnung beim Lasttrumeinlauf (qualitativ)

In der Regel besitzen sowohl neue Zahnriemen aus Gummi-Elastomer als auch solche aus Polyurethan eine ausreichende Scherfestigkeit, so dass Riemenzähne erst nach sehr langer Betriebsdauer abgeschert werden könnten. Bei Gummi-Zahnriemen führt eine fortschreitende Vernetzung zu einer Alterung des Elastomers und bedingt eine

Abnahme der Scherfestigkeit. Dieser Alterungsprozess ist insbesondere von der Temperatur und der Zeit abhängig.

8.3 Abriebfestigkeit der Riemenverzahnung

Die Riemenverzahnung ist einem Gleitreibvorgang sowohl beim Ein- und Auslauf als auch während der Umschlingung auf der Zahnscheibe unterworfen. Fehlerhafte Festlegungen der Geometrien von Riemen- und Scheibenverzahnung können insbesondere beim Einlauf zu Interferenzen (vorzeitigem Kontakt) führen, die erhebliche Auswirkungen auf die Lebensdauer des Getriebes haben. Da die Kräfte im Lasttrum sehr groß werden können, versucht man hauptsächlich diesen Zahneingriff reibungsarm zu gestalten.

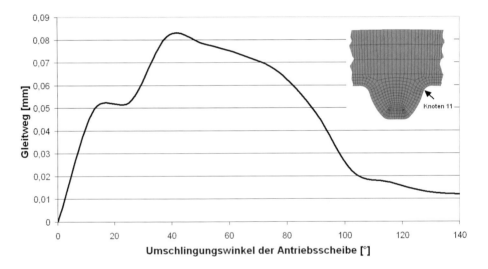

Bild 8.8 Gleitweg eines Punktes der Riemenoberfläche (Pfeil) auf der Antriebsscheibe (Zahnriemen mit verstärktem Riemenrücken

Aufgrund des Kraftabbaus im Zugstrang auf dem Umschlingungsbogen von der Größe der Last- auf die der Leertrumkraft findet zudem eine geringe Relativbewegung statt. Je nach Profilgeometrie erfolgt diese Bewegung des Riemenlückengrundes auf den Scheibenzahnköpfen oder des Riemenzahnkopfes im Scheibenlückengrund teilweise unter erheblicher Flächenpressung. Dies kann eine Schädigung des Riemenwerkstoffes bzw. des Gewebes im so genannten Stegbereich bewirken, s. Tabelle 8.1 in Kapitel 8.4. Neben ordnungsgemäß abgestimmten geometrischen Abmessungen muss außerdem der Vorspannkraft Aufmerksamkeit geschenkt werden. Wählt man sie unsachgemäß zu hoch, kommt es zum vorzeitigen Ausfall des Riemens.

Die Gleitwege kleiner Flankenabschnitte (in der Folge als Knoten bezeichnet) unter den dabei wirkenden Flächenpressungen hängen in starkem Maße vom betrachteten Ort am Riemenprofil ab. Für den mit Knoten 11 bezeichneten Punkt des Hochleistungsprofils S zeigt **Bild 8.8** beispielhaft die berechneten Gleitwege und belegt, dass der Riemenzahn auch auf dem Umschlingungsbogen seine Lage geringfügig ändert.

Obwohl sich die Zugstrangkräfte auf dem Umschlingungsbogen bei Nennbelastung des Getriebes erheblich ändern, sollte die Druckbelastung an der Profilflanke der Riemenverzahnung abgesehen vom Ein- und Auslaufwinkel weitestgehend konstant bleiben, um eine symmetrische Belastungsverteilung zu garantieren. **Bild 8.9** zeigt die gelungene Abstimmung am Beispiel der Ergebnisse von Simulationsrechnungen.

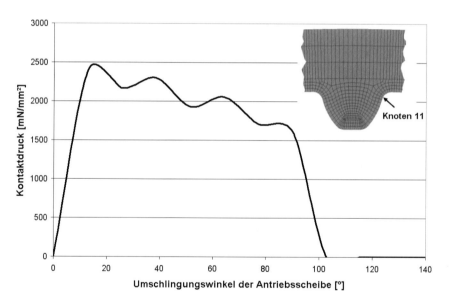

Bild 8.9 Kontaktdruck eines Punktes auf der Riemenoberfläche mit der Antriebsscheibe (Zahnriemen mit verstärktem Riemenrücken)

Eine physikalische Größe, die sowohl den Gleitweg als auch den Kontaktdruck berücksichtigt, ist die flächenbezogene Reibarbeit nach Gl. (8.1). Sie bietet sich zur Beurteilung des Reibverhaltens an:

$$\frac{W}{A} = \mu \int p \, ds \quad , \tag{8.1}$$

mit W Reibarbeit in N·m; A betrachtete Fläche in mm²; μ Reibwert; p Kontaktdruck in N/mm²; s Gleitweg in mm.

Die Reibarbeit, die zwischen der Antriebsscheibe und der Zahnriemenoberfläche am Knoten 11 verrichtet wird, zeigt **Bild 8.10**. Man kann erkennen, dass die Reibarbeit stetig anwächst bis zum Abfall des Kontaktdruckes bei etwa 100°.

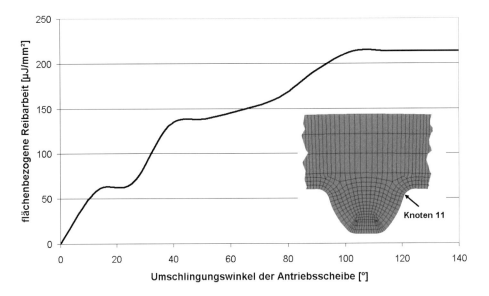

Bild 8.10 Aufsummierte Reibarbeit eines begrenzten Bereiches der Riemenoberfläche während eines Kontaktzyklus in der Antriebsscheibe (Zahnriemen mit verstärktem Riemenrücken)

Betrachtet man die Reibarbeiten begrenzter Bereiche der Riemenoberfläche, so entsteht das in **Bild 8.11** gezeigte Verhalten. Während die Knotenpunkte 9 bis 22 nur an der Antriebsscheibe als Arbeitsflanke wirken, sind es an der Abtriebsscheibe nur die Punkte 37 bis 50. Aufgrund des betrachteten S-Profiles findet ein Abstützen des Riemenzahnes im Bereich der Knoten 26 bis 33 im Lückengrund der Zahnscheibe statt. Dieses Abstützen ist mit einer Relativbewegung verbunden und führt zu der angegebenen anteiligen Reibarbeit.

Obwohl es bisher noch nicht gelungen ist, die Reibarbeit in ein geeignetes Verschleißmodell einzubeziehen, erscheinen hohe Reibarbeiten einer langen Lebensdauer abträglich. Insbesondere für vergleichende Untersuchungen können daher auch schon derartige Betrachtungen hilfreich für eine Optimierung von Zahnriemengetrieben sein.

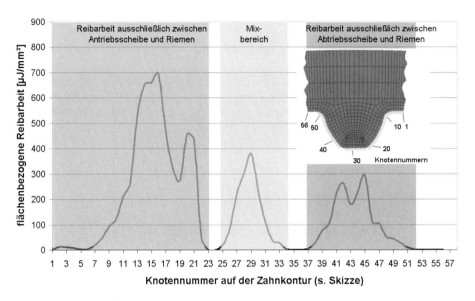

Bild 8.11 Aufsummierte Reibarbeit der kompletten Riemenoberfläche nach einer vollständigen Riemenumdrehung eines Zweiwellengetriebes (Zahnriemen mit verstärktem Riemenrücken)

8.4 Verschleißerscheinungen und ihre Ursachen

Im Normalfall weist ein ordnungsgemäß berechnetes und montiertes Zahnriemengetriebe keine vorzeitigen Ausfallerscheinungen auf und kann demzufolge sehr lange wartungsfrei betrieben werden. Treten wider Erwarten dennoch Probleme auf, sind die Ursachen vielschichtig. Die Darstellung in **Bild 8.12** zeigt die möglichen Ausfälle von Riemengetrieben aller Bauarten nach ihrem jeweiligen Anteil und belegt, dass Fehler sowohl in der Konstruktion als auch bei der Montage und Wartung des Getriebes erheblichen Stellenwert besitzen. Da Zahnriemengetriebe wartungsfrei sind, besitzen sie gegenüber anderen Zugmittelgetrieben hierbei Vorteile.

In **Tabelle 8.1** sind bekannte Verschleißerscheinungen am Zahnriemengetriebe und ihre Ursachen aufgelistet. Eine eindeutige Zuordnung von Ursache und Wirkung ist nicht möglich, da eine Vielzahl von Wechselwirkungen auftreten. Trotzdem erscheint diese Aufstellung zur Fehlerbeseitigung hilfreich.

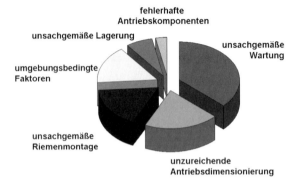

Bild 8.12 Ausfallursachen von Riemengetrieben aller Bauarten, nach /F27/

Tabelle 8.1 Verschleißerscheinungen und ihre Ursachen

a) Flankenverschleiß an der Riemenverzahnung	
mögliche Ursachen	Maßnahmen zur Behebung
- Überlastung	- Getriebeauslegung prüfen
- Vorspannkraft zu hoch (Verschleiß an der Arbeitsflanke in der Antriebsscheibe)	- Vorspannung korrigieren
- Vorspannkraft zu niedrig (Verschleiß an der Arbeitsflanke in der Abtriebsscheibe)	- Vorspannung korrigieren
- Scheibenteilung unzulässig (Außendurchmesser oder Toleranz der Einzelteilung nicht eingehalten)	- Zahnscheibe wechseln
- falsches Riemenprofil	- richtige Riemen-Scheiben-Kombination verwenden
- Fremdkörper	- Getriebe kapseln

b) Ablösen der Bordscheibe	
mögliche Ursachen	Maßnahmen zur Behebung
- fehlerhafte Montage der Bordscheibe	- Bordscheiben korrekt montieren
- ungenügende Fluchtung der Zahnscheiben	- Zahnscheiben ausrichten

8.4 Verschleißerscheinungen und ihre Ursachen

Tabelle 8.1 Fortsetzung 1

c) Abscheren der Riemenzähne bzw. Rissbildung	
mögliche Ursachen	**Maßnahmen zur Behebung**
- Überlastung - Scheibenprofil passt nicht für Riemen - Betriebstemperatur zu niedrig oder Chemikalieneinfluss	- Getriebeauslegung prüfen - Originalscheiben verwenden - zulässige Verträglichkeit prüfen

d) Überspringen der Riemenverzahnung	
mögliche Ursachen	**Maßnahmen zur Behebung**
- Vorspannung zu niedrig - Kopf- bzw. Fußkreisdurchmesser der Abtriebsscheibe zu groß - Überlastung	- Vorspannung erhöhen - Originalscheibe verwenden - Getriebeauslegung prüfen

e) Zerreißen der Zugstränge bzw. des Zahnriemens	
mögliche Ursachen	**Maßnahmen zur Behebung**
- Überlastung (auch kurzzeitige Stoßbelastung) - Vorspannung zu hoch - Riemengeschwindigkeit zu groß - Biegebelastung zu groß - Korrosion von Stahllitze-Zugsträngen - Fremdkörper-Einwirkung - unsachgemäße Handhabung des Riemens, z.B. Knicken	- Getriebeauslegung prüfen - Vorspannung korrigieren - zulässige Geschwindigkeit prüfen - Scheibenzähnezahl bzw. Spannrollen- durchmesser vergrößern - Zahnriemen wechseln - Getriebe kapseln - Lagerungs- u. Montagehinweise beachten

Tabelle 8.1 Fortsetzung 2

f) Erhöhte Temperatur	
mögliche Ursachen	Maßnahmen zur Behebung
- Vorspannung zu hoch oder zu niedrig - Profilgeometrie oder Teilung von Riemen und Scheibe passen nicht exakt zueinander	- Vorspannung korrekt einstellen - Originalscheiben verwenden

g) Ungewöhnliche Schwingungen / Geräusche	
mögliche Ursachen	Maßnahmen zur Behebung
- Vorspannung zu hoch oder zu niedrig - Lockerung der Zahnscheibe - Lockerung der Wellenlagerung - nicht fluchtende Zahnscheiben	- Vorspannung korrekt einstellen - Zahnscheibe befestigen - Lagerung befestigen und evtl. verstärken - Zahnscheiben ausrichten

h) Starker seitlicher Riemenablauf	
mögliche Ursachen	Maßnahmen zur Behebung
- ungenügende Fluchtung der Zahnscheiben	- Zahnscheiben ausrichten

i) Starker seitlicher Riemenverschleiß	
mögliche Ursachen	Maßnahmen zur Behebung
- Scheiben fluchten nicht - Riemen zu breit (kein Spiel zwischen Riemen und Bordscheibe vorhanden) - Schaden an der Bordscheibe	- Zahnscheiben ausrichten - breitere Zahnscheiben verwenden - Zahnscheibe wechseln

j) Schlaufenbildung des Zugstranges an Riemenseite	
mögliche Ursachen	Maßnahmen zur Behebung
- Scheiben fluchten nicht - Schaden an der Bordscheibe - zu niedrige Haftung des Elastomers am Zugstrang	- Zahnscheiben ausrichten - Zahnscheibe wechseln - Zahnriemen wechseln

9 Genauigkeit der Bewegungsübertragung

9.1 Ursachen von Abweichungen

Obwohl Zahnriemengetriebe auch als Synchronriemengetriebe bezeichnet werden, ist die Übertragung einer Bewegung von der An- auf die Abtriebsscheibe bzw. auf den Linearschlitten mit Abweichungen verbunden. Zu diesen zählen neben geometrisch bedingten Ursachen, wie z.B. Fertigungs- und Montageabweichungen, auch belastungsabhängige, wie Zugstrangdehnungen und Zahndeformationen. Insbesondere das Dehnungsverhalten der eingesetzten Zugstränge ist ein Qualitätsmerkmal, welches am produzierten Zahnriemen mittels spezieller Zugmaschinen geprüft werden kann. Da sich Zahnriemen bezüglich eingesetzter Zugstrangwerkstoffe, -durchmesser und -spulungen unterscheiden, sind auch die Dehnungen unterschiedlich. Bild 3.16 belegt dies beim Vergleich von Zahnriemen mit gleichen Teilungen, jedoch unterschiedlichen Zugsträngen, die an der Verkaufsbezeichnung des Riemens erkennbar sind. Die zulässige Grenze für den Riemeneinsatz liegt üblicherweise bei 0,2 %-Dehnung für Zugstränge aus Glasfaser (Reißdehnung 2,5 %) und Aramid (Reißdehnung 3 %) bzw. 0,4 %-Dehnung für solche aus Stahllitze (Reißdehnung 2 %) und belegt die Reserven der Zugstränge bezüglich Reißfestigkeit.

Im Rahmen einer Getriebeentwicklung benötigt man häufig die Dehnung Δl eines Riemenstückes (Trums) der Länge L_T und der Breite b_s bei Trumkraftänderung ΔF:

$$\Delta l = \frac{\Delta F \cdot L_T}{c_s \cdot b_s} \quad . \tag{9.1}$$

Unter der spezifischen Steifigkeit c_s wird dabei die eines 1 mm breiten und 1 mm langen Riemenstückes verstanden, deren Werte sich aus den von den Riemenherstellern teilweise veröffentlichten, breitenabhängigen Steifigkeiten errechnen, **Tabelle 9.1**. Die Angaben beziehen sich hierbei auf Riemen als Meterware, die nicht mit spiralförmig gespulten Zugsträngen, sondern mit parallel angeordneten ausgerüstet und insbesondere für die Lineartechnik vorgesehen sind. Bei endlosen Riemen ist dagegen mit einer bestimmten nicht tragenden Zone am seitlichen Riemenrand zu rechnen, in der das Polymer die Zugstränge aufgrund der Spulsteigung noch nicht vollständig umschließt. Diese Randzone ist bei geringen Riemenbreiten in der Berechnung der Dehnung mit etwa 0,3 mal Teilung zu berücksichtigen. Die hier angegebenen Werte sind Richtwerte für Zahnriemen als Meterware.

Werden endliche PU-Zahnriemen durch Verschweißen in endlose überführt, so mindert die Schweißstelle die Steifigkeit des Riemens. Bei kleinen Riemenlängen kann dies bedeutsam sein; so ist beispielsweise bei etwa 1000 mm Länge mit Steifigkeitseinbußen von rund 25 %, bei 5000 mm aber nur noch von 5 % zu rechnen.

Tabelle 9.1 Richtwerte für spezifische Steifigkeiten c_s je 1 mm Riemenbreite und 1 mm Riemenlänge

a) für PU-Riemen als Meterware und Zugstränge aus Stahllitze, nach /F2/, /F24/ berechnet

Teilung p_b [mm]	c_s je 1 mm Riemenbreite und 1 mm Riemenlänge [N/mm]			
	T-Trapezprofil	AT- / HTD-Hochleistungsprofil	BATK-Hochleistungsprofil	ATL-Hochleistungsprofil
3		10000		
5	8400	18000		20300
10	22000	42400	42400	56000
20	35000	56000		74200

b) für Gummi-Riemen als Meterware und Zugstränge aus Stahllitze bzw. Glasfaser, nach /F25/ berechnet

Teilung p_b [mm]	c_s je 1 mm Riemenbreite und 1 mm Riemenlänge [N/mm]		
	HTD-Hochleistungsprofil (Stahllitze)	GT-Hochleistungsprofil (Stahllitze)	HTD- / GT-Hochleistungsprofil (Glasfaser)
3	11200	11200	8300
5	26900	26900	19000
8	40100	68900	20800
14			22800

c) für PU-Riemen als Meterware und Zugstränge aus Aramidfaser, nach /F25/, /F26/ berechnet

Teilung p_b [mm]	c_s je 1 mm Riemenbreite und 1 mm Riemenlänge [N/mm]	
	GT-Hochleistungsprofil	HTD- / STD-Hochleistungsprofil
8	46400	50900
14	84100	69700

Es ist zu beachten, dass in der Lineartechnik die Steifigkeit des Systems von der Lage des Schlittens beeinflusst wird. Die geringste Systemsteifigkeit stellt sich bei gleich großen Längen von Last- und Leertrum ein.

Neben der Zugstrangnachgiebigkeit bei Belastung ist die Zahndeformation ein weiterer wichtiger Faktor. Dieser wirkt sich insbesondere bei Belastungsschwankungen, also z.B. beim Anfahren oder beim Richtungswechsel der Bewegung aus. Dabei spielt nicht nur die Steifigkeit der Riemenzähne, sondern auch die Belastungsverteilung (s. Kapitel 7.2) eine entscheidende Rolle. Durch das Realisieren einer symmetrischen Belastungsverteilung können geringe Abweichungen in der Bewegungsübertragung erzielt werden. Einige Profile, z.B. das HTD-Profil, besitzen ein so genanntes Abrollverhalten beim Zusammenspiel von Riemen- und Scheibenverzahnung, welches bei Drehrichtungswechsel und beim Anfahren auftritt und zu zusätzlichen Abweichungen führt. Das Verwenden von Zahnscheiben mit eingeschränktem Flankenspiel oder die Wahl einer anderen Profilgeometrie schaffen hierbei Abhilfe. In der Lineartechnik ist darauf zu achten, dass das im Schlitten eingespannte Zahnriemenende mit profilierten Gegenstücken (s. Bild 4.3), ähnlich einer Zahnstange, geklemmt wird und genügend lang ist. Sechs eingespannte Riemenzähne gelten dabei als anzustrebender Richtwert, um geringe Zahndeformationen zu erreichen.

Bei hohen Steifigkeiten des Zahnriemens gewinnen auch andere Anteile an Bedeutung, so vor allem die Rundlaufabweichungen der eingesetzten Zahnscheiben und Spannrollen. Diese bewirken überlagerte sinusförmige Kraft- und somit auch Bewegungsschwankungen. Aber auch der Zahnriemen selbst verursacht eine, mit der Wirkung einer Rundlaufabweichung vergleichbare Ungenauigkeit in der Bewegungsübertragung, die durch den Abformprozess bei der Herstellung bedingt ist.

Liegt eine Anwendung mit Reversierbetrieb vor, ist auch das wirksame Flankenspiel eine nicht zu vernachlässigende Größe, welches aber nur für diesen Fall der wechselnden Bewegungsrichtung auftritt. Bei hohen Vorspannkräften und kleinen Drehmomenten verhindert die Reibung auf dem Umschlingungsbogen eine schnelle Gegenflankenanlage, so dass diese erst nach einer gewissen Zeit erreicht wird. Wirken jedoch ausreichend große Drehmomente, wird wie beim Zahnradgetriebe die Gegenflankenanlage sofort erreicht (s. Bild 9.3). Die Größe des wirksamen Flankenspiels hängt von einigen Faktoren, wie z.B. von der Belastungsverteilung, ab und kann nicht durch die Betrachtung des theoretischen Spiels zwischen Riemen- und Scheibenzahnprofil an einem Zahnpaar einer Profilzeichnung gleichgesetzt werden. Das wirksame Flankenspiel lässt sich aber messtechnisch relativ einfach erfassen, s. Kapitel 9.2.

172   9 Genauigkeit der Bewegungsübertragung

9.2 Messverfahren und Messergebnisse

Soll die Übertragungsgenauigkeit eines Getriebes festgestellt werden, ist die Bewegung des Abtriebs bezüglich der des Antriebs zu messen und die Differenz dieser beiden zeitgleich erfassten Winkel- bzw. Wegsignale zu bilden. **Bild 9.1** zeigt einen geeigneten Versuchsstand mit den Sensoren für An- und Abtriebswinkel, für An- und Abtriebsmoment sowie für die Wellenkraft, deren Messwerte mit Hilfe eines Computers ausgewertet werden können.

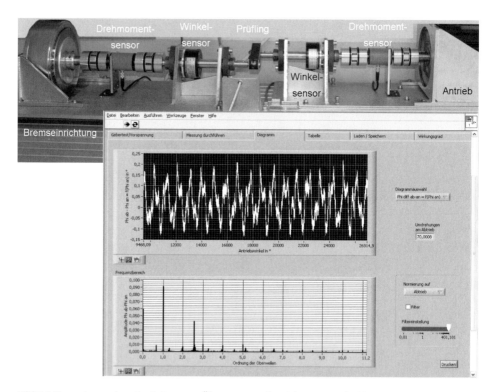

Bild 9.1 Versuchsstand zur Ermittlung von Übertragungsabweichungen und Bildschirmfoto der Software mit den Ergebnissen zur Momentanabweichung und der zugehörigen Frequenzanalyse

Bild 9.2 präsentiert exemplarische Messergebnisse für ein AT-Zahnriemengetriebe im Leerlauf während der Bewegung in eine Richtung, wie sie generell für Zahnriemengetriebe typisch sind. Das Diagramm zeigt die Übertragungsabweichung als Unterschied zwischen An- und Abtriebswinkel über dem zurückgelegten Weg, hier als Winkel des Antriebs aufgetragen. Mittels Fourieranalyse lassen sich die Hauptursachen an den Abweichungen meist eindeutig bestimmen.

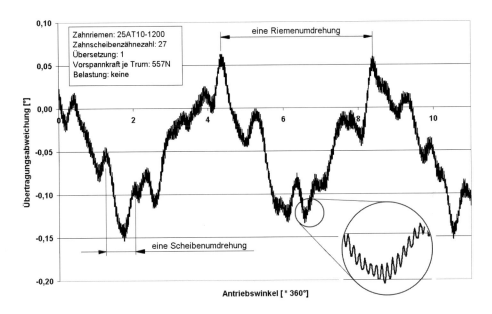

Bild 9.2 Experimentell ermittelte Übertragungsabweichung zwischen An- und Abtriebswelle eines Zweiwellengetriebes mit Profil AT10 bei ausschließlich wirkender Vorspannung

Treten Belastungsschwankungen auf bzw. werden Beschleunigungs- und Bremsvorgänge bei Reversierbetrieb betrachtet, wirken sich die mit der Belastung verbundenen Dehnungs- und Deformationseffekte aus, **Bild 9.3**. Deutlich ist das wirkende Flankenspiel bei Reversierbetrieb zu erkennen, wobei gleichzeitig Zahndeformations- und Abrolleffekte des hier verwendeten Profils wirksam sind. Das Berechnen eines durch die Zahngeometrie hervorgerufenen Flankenspiels, wie es aus der Zahnradtechnik bekannt ist, erscheint bei Zahnriemengetrieben aufgrund der vielen gleichzeitig im Eingriff stehenden Zahnpaare und der nicht bekannten Belastungsverteilung wenig sinnvoll. Das messtechnische Erfassen der Wirkungen, wie in Bild 9.3 gezeigt, ist praxisrelevanter. Gleichzeitig erkennt man, dass mit steigender Belastung auch die Übertragungsabweichungen zwischen den beiden Bewegungsrichtungen aufgrund der Zahn- und Zugstrangdeformationen zunehmen.

Die Wirkung der Rundlaufabweichungen der Scheiben sowie der Fertigungsabweichung des Riemens bleiben bei steigender Belastung hingegen weitestgehend konstant, treten jedoch bezüglich ihres Einflusses in den Hintergrund. Der Polygoneffekt wirkt sich in höherfrequenten Schwankungen mit geringer Amplitude aus, s. Ausschnitt in Bild 9.2.

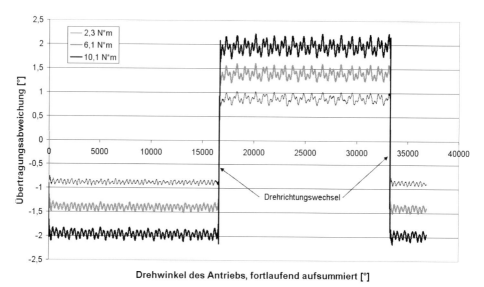

Bild 9.3 Experimentell ermittelte dynamische Übertragungsabweichung zwischen An- und Abtriebswelle eines Zweiwellengetriebes mit Profil CT2,29 (Sonderprofil) bei verschiedenen Belastungen und Reversierbetrieb (zur Erhöhung der Übersichtlichkeit wurde der Antriebswinkel auch nach Drehrichtungswechsel aufsummiert)

Für die Optimierung eines Zahnriemengetriebes bezüglich der Übertragungsabweichung ist es daher sinnvoll, zunächst die mit der Belastung verbundenen Ursachen zu verringern. Dies kann durch geeignete Wahl des Verzahnungsprofils sowie dehnungsarmer Zugstränge, dem Verwenden einer entsprechend großen Eingriffszähnezahl und einer hinreichend großen Riemenbreite erfolgen. Auch das mechanische Verspannen zweier parallel angeordneter Zahnriemen bringt hier deutliche Vorteile bei Reversierbetrieb, ist jedoch konstruktiv aufwendig /B22/. Außerdem empfiehlt es sich, die Rundlaufabweichungen der Zahnscheiben auf ein sinnvolles Maß zu reduzieren. Die in den Normen aufgeführten Richtwerte von 130 µm /N3/ bzw. 50 µm /N7/ maximal zulässige Rundlaufabweichung für Zahnscheiben bis 200 mm Durchmesser lassen sich mit moderner Fertigungstechnik relativ mühelos unterbieten. Aber auch der Zahnriemen sollte aus einer hochwertigen Produktion stammen, um den in

Bild 9.2 gezeigten Riemen-Effekt zu reduzieren. Bei Untersuchungen an vergleichbaren Profilen wurden teilweise erhebliche Unterschiede aufgedeckt, die im Wesentlichen den Riemeneinfluss belegen und somit auf unterschiedliche Fertigungsqualitäten hindeuten, **Bild 9.4**.

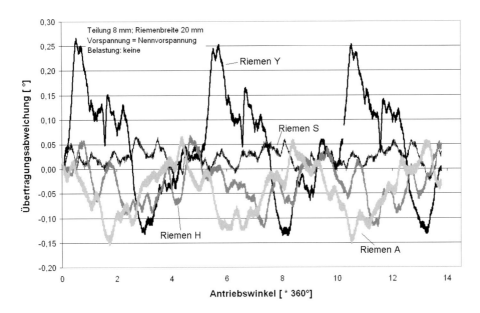

Bild 9.4 Experimentell ermittelte Übertragungsabweichungen verschiedener, vergleichbarer Zahnriemen der Teilung 8 mm (Scheibenzähnezahl z_p = 30; Übersetzung i = 1; Riemenlänge L_p = 1200 mm)

Bei Anwendungen in der Lineartechnik ist zusätzlich zu beachten, dass sich eine Längentoleranz zwischen Soll- und Ist-Riemenlänge bezogen auf einen Meter in einer kontinuierlichen Abweichung des Verfahrweges auswirkt, da in der Regel nur am rotatorischen Antrieb gemessen und der zu verfahrende Weg am Schlitten mit dem theoretischen Wirkkreisdurchmesser der Scheibe vorausbestimmt wird. Beträgt beispielsweise die Soll-Riementeilung exakt 10 mm, aufgrund zu hoher Vorspannkräfte wird jedoch die Ist-Teilung auf 10,010 mm gedehnt, so fährt der Schlitten bei Positionierung der Antriebsscheibe um 10 µm je Teilungswinkel zu weit. Dies kann sich zu erheblichen Positionierabweichungen aufsummieren, weshalb einer exakt eingestellten Vorspannkraft in der Lineartechnik besondere Bedeutung zukommt. Denn hier übernimmt die Vorspannkraft neben der gesicherten Bewegungsübertragung auch noch die Aufgabe, die Teilung des Riemens auf das erforderliche Maß anzupassen. Die bei der Fertigung des Riemens entstehende Teilung wird bei Bedarf über Achsabstandsmessungen bestimmt, s. Kapitel 12.3. Hierbei ist zu beachten, dass bei diesem Messverfahren der Wirklinienabstand eingeht, dessen Größe angenommen, aber nicht experimentell nachgewiesen wird. Kennt man die Riementeilung im gestreckten Zustand unter der zu betreibenden Vorspannkraft daher nicht genau genug, können einfache Messungen am realisierten Getriebe helfen. Hierzu misst man die tatsächlich zurückgelegten Wege am Schlitten und korrigiert die Vorspannkraft so lange, bis eine hinreichend kleine Abweichung zwischen Ist - und Soll-Weg erreicht ist.

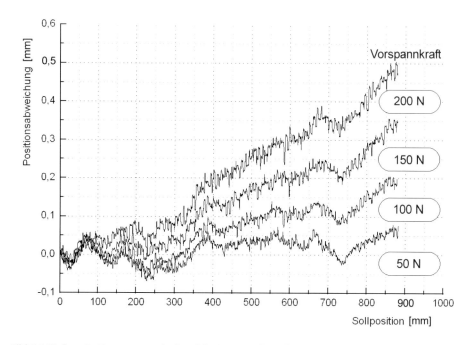

Bild 9.5 Einfluss der Trumvorspannkraft auf die Positionsabweichung /B10/
Riemen AT5; Riemenbreite b_s = 16 mm; Achsabstand C = 1145 mm; Scheibenzähnezahl z_p = 20

Bild 9.5 zeigt die Ergebnisse gemessener Werte an einem Linearschlitten bei verschiedenen Vorspannkräften. Gut zu erkennen ist die mit zunehmendem Schlittenweg wachsende Positionierabweichung infolge des beschriebenen Teilungseinflusses des Riemens. In diesem Fall nach Bild 9.5 wäre eine relativ kleine Vorspannkraft notwendig. Da kleine Vorspannkräfte bei der Kraftübertragung nicht unproblematisch sind, sollten Zahnriemen insbesondere für den Einsatz in der Lineartechnik mit so genannter Negativ-Toleranz gefertigt werden, d.h. die Teilung des Riemens ist gegenüber dem Nennmaß deutlich zu klein und wird erst bei einer relativ großen Vorspannkraft die richtige Größe erreichen.

Weitere Ergebnisse, z.B. zum Einfluss von Spannrollen, Dickenschwankungen des Riemens oder Schrägverzahnungen, sind aus /A52/ bis /A54/ ersichtlich.

9.3 Genauigkeitskenngrößen

Für die Robotik und Lineartechnik wurden spezielle Kenngrößen zum Charakterisieren von Positionierabweichungen in /N11/ festgelegt. **Bild 9.6** dient der Erläuterung der wichtigsten Fachbegriffe für die lineare Positionierung. Solche im Raum sind sinngemäß mit ähnlichen Kenngrößen beschreibbar.

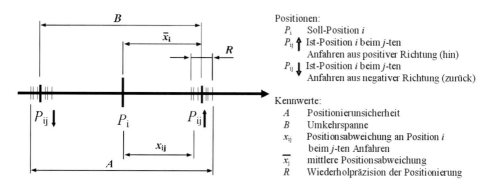

Bild 9.6 Verdeutlichung der Genauigkeitskenngrößen nach DIN ISO 230-2 /N11/

Es wird davon ausgegangen, dass die anzufahrende Soll-Position P_i nur mit Abweichungen erreichbar ist. Dabei muss zwischen der Positionierung aus der Hin- oder Rückrichtung unterschieden werden, welches die gezeigten Pfeile andeuten. Der Index j gibt die laufende Nummer des Positioniervorganges an. Eine festgestellte Positionsabweichung setzt sich demzufolge aus dem Unterschied von Ist- und Soll-Position eines einzelnen Positioniervorganges zusammen. Da die Werte von mehreren Positioniervorgängen in bestimmten Grenzen schwanken, gibt man häufig Mittelwerte der Positionsabweichung für die beiden Bewegungsrichtungen an. Ebenso ist die Wiederholpräzision der Positionierung, auch als Wiederholgenauigkeit bekannt, eine wichtige Größe zur Kennzeichnung der Leistungsfähigkeit eines

Linearantriebes. **Tabelle 9.2** fasst die Berechnungsgleichungen nach /N11/ zusammen.

Als Richtgröße für die Wiederholgenauigkeit von Linearantrieben mit Zahnriemen, also das wiederholte Anfahren von Positionen unter gleichen Bedingungen, gelten Werte von etwa ± 0,05 mm. Die Positionsabweichung hingegen ist stark belastungsabhängig sowie produktspezifisch, so dass keine Richtwerte angegeben werden können. In /B10/ sind jedoch die wirkenden Einflussfaktoren beschrieben und ihre überschlägliche Berechnung anhand einiger Beispiele dargestellt. Dabei wird vom ungünstigsten Fall, also einer Überlagerung der einzelnen Abweichungen nach dem Superpositionsprinzip, ausgegangen. Im praktischen Betrieb lassen sich in der Regel kleinere Werte erreichen.

Tabelle 9.2 Bildungsgesetze wesentlicher Kenngrößen nach /N11/

Zu ermittelnde Größe	Gleichung für die Anfahrt aus positiver Richtung ↑	Gleichung für die Anfahrt aus negativer Richtung ↓
Positionsabweichung x_{ij}	$x_{ij} \uparrow = P_{ij} - P_i$	$x_{ij} \downarrow = P_{ij} - P_i$
Gemittelte Positionsabweichung $\overline{x}_i$	$\overline{x}_i \uparrow = \dfrac{1}{n} \cdot \sum_{i=1}^{n} x_{ij} \uparrow$	$\overline{x}_i \downarrow = \dfrac{1}{n} \cdot \sum_{i=1}^{n} x_{ij} \downarrow$
Näherungswert der Standardunsicherheit s_i	$s_i \uparrow = \sqrt{\dfrac{1}{n} \cdot \sum_{i=1}^{n} (x_{ij} \uparrow - \overline{x}_i \uparrow)^2}$	$s_i \downarrow = \sqrt{\dfrac{1}{n} \cdot \sum_{i=1}^{n} (x_{ij} \downarrow - \overline{x}_i \downarrow)^2}$
Wiederholpräzision der Positionierung R_i	$R_i \uparrow = 4 \cdot s_i \uparrow$	$R_i \downarrow = 4 \cdot s_i \downarrow$
Umkehrspanne B_i	$B_i = \overline{x}_i \uparrow - \overline{x}_i \downarrow$	
Positionierunsicherheit A	$A = \left(\overline{x}_{ij} \uparrow + 2 \cdot s_i \uparrow\right)_{max} - \left(\overline{x}_{ij} \downarrow - 2 \cdot s_i \downarrow\right)_{min}$	

10 Geräuschverhalten

Das Entwickeln lärm- und schwingungsarmer Antriebe und Maschinen erlangt unter dem Aspekt der stetig steigenden Arbeitsgeschwindigkeiten zunehmende Bedeutung. Mit Zahnriemengetrieben lassen sich nicht nur hohe Umfangsgeschwindigkeiten realisieren, sondern sie weisen aufgrund der verwendeten Elastomere auch dämpfende Eigenschaften auf und sind z.B. gegenüber Kettengetrieben geräuschärmer. Dennoch erscheinen Maßnahmen zur Reduzierung des Geräuschpegels bzw. zur richtigen Auslegung geräuscharmer Zahnriemengetriebe insbesondere bei höheren Drehzahlen sinnvoll. Messungen zum Geräuschverhalten sind im Allgemeinen technisch aufwendig. Mit einem Mikrofon wird dabei generell der Schalldruckpegel bestimmt, und dieser ist u.a. von der Lage desselben zum Messobjekt abhängig. Somit sind die häufig in Veröffentlichungen vorgestellten Ergebnisse zum abgestrahlten Schalldruckpegel von Getrieben selten mit anderen Ergebnissen vergleichbar. Um jedoch gemessene Werte vergleichen zu können, ist das Bestimmen des ortsunabhängigen Schalleistungspegels notwendig. Das Hüllflächenverfahren nach /N12/ legt fest, wie aus einer Vielzahl an verschiedenen Orten ermittelter Werte des Schalldruckpegels der Schalleistungspegel bestimmt werden kann. Da dieses Verfahren sehr aufwendig ist, beschränkt man sich aber häufig auf den relativen Vergleich von Ergebnissen des unter exakt den gleichen Bedingungen ermittelten Schalldruckpegels /B29/.

10.1 Geräuschursachen und Einflussgrößen

Die Dissertationen /B21/ und /B23/ sowie eine Reihe von Fachveröffentlichungen, z.B. /A55/ bis /A63/, widmen sich den Ursachen der Geräuschentstehung sowie geeigneter Maßnahmen zur Minderung. Dabei sind die Aussagen teilweise widersprüchlich und Vorschläge nicht immer sinnvoll. Dies kann als Beleg dafür gewertet werden, dass das Thema Geräuschverhalten aufgrund einer Vielzahl wirkender Faktoren problematisch ist. Gleichzeitig ist deren Einfluss teilweise messtechnisch nicht oder nur aufwendig nachweisbar. In /B23/ sind die widersprüchlichen Aussagen aus bis dahin bekannten Literaturstellen zu den Ursachen der Geräuschentstehung bei Zahnriemengetrieben aufgezeigt. Insbesondere das Aufschlaggeräusch als Folge des Polygoneffekts galt lange Jahre als die pegelbestimmende Geräuschursache. Demzufolge sind in einigen Berichten Maßnahmen zur Reduzierung des Aufschlages vorgesehen, wie z.B. gezielte Unebenheiten der Oberflächen von Riemen oder Scheiben zur Erhöhung der Dämpfung herzustellen oder den Einsatz einer schräggestellten Spannrolle. Dies erscheint nicht nur unter dem Aspekt der verringerten Lebensdauer des Getriebes fragwürdig, sondern in /B23/ wurde auch die jeweilige Unwirksamkeit der Maßnahme nachgewiesen. In aufwendigen Messungen gelang es, die direkt entstehende Aufschlagkraft des Riemens auf die Scheibenverzahnung messtechnisch zu erfassen, **Bild 10.1**. Obwohl diese Kraft sehr schnell anwächst und drehzahlabhängig ist, kann von einem Impuls als Erregung nicht gesprochen werden. Demzufolge sind auch die Maßnahmen zur Reduzierung dieses Impulses wenig wirksam. Das Teilen eines breiten Zahnriemens in zwei schmale hingegen reduziert das Geräusch erheblich, ist jedoch nicht auf eine Reduzierung des Aufschlages, sondern auf die zusätzliche Möglichkeit des Entweichens des in der Zahnlücke eingeschlossenen Luftvolumens zurückzuführen. Der entsprechende direkte Nachweis gelingt in /B23/ mittels speziell perforierter Zahnriemen, die zwischen den Zugsträngen kleine Bohrungen besitzen, durch die die Luft entweichen kann, **Bild 10.2**. Luftentweichungskanäle durch die Zahnscheibe hingegen sind häufig zu lang und bewirken nicht eine derart große Reduzierung wie eine Perforation des Riemens.

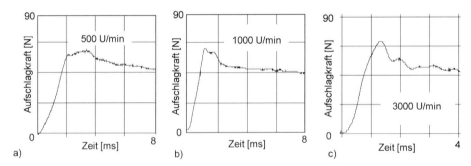

Bild 10.1 Experimentell ermittelte Verläufe der Aufschlagkraft in Abhängigkeit von der Drehzahl n
Getriebeparameter: AT10; b_s = 25 mm, z_p = 60, F_{TV} = 500 N; nach /B23/
a) n = 500 U/min; b) n = 1000 U/min; c) n = 3000 U/min

Als weitere wichtige Einflussfaktoren auf das Geräuschverhalten eines Zahnriemengetriebes gelten die transversalen Schwingungen der Trume. Sie entstehen durch die Polygonität der Zahnscheiben und werden mit der Zahneingriffsfrequenz angeregt. Somit sind die Parameter Zahnscheibenzähnezahl und Riemengeschwindigkeit wichtige Einflussgrößen. Hochleistungsprofile besitzen hierbei Vorteile, da sie einen gegenüber einfachen Trapezprofilen deutlich verminderten Polygoneffekt aufweisen.

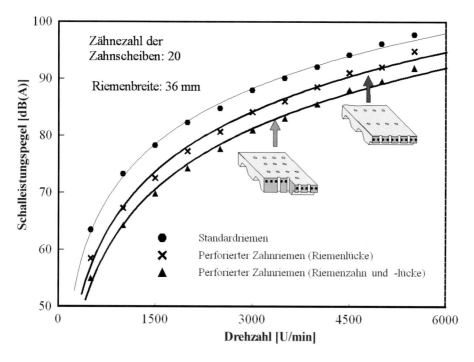

Bild 10.2 Einfluss perforierter Zahnriemen auf den Schallleistungspegel L_{WA} in Abhängigkeit von der Drehzahl n; Zahnriemen AT10/1720; nach /B23/

Sind die Drehzahl sowie der maximale Bauraum für die Zahnscheiben konstruktiv vorgegeben, so muss der Einfluss von Polygoneffekt zu Geschwindigkeit abgewogen werden. Da die Riemengeschwindigkeit mit der Verwirbelung der Luft sowie mit der Geschwindigkeit der Luftverdrängung aus der Zahnlücke das Geräusch maßgeblich beeinflusst, gleichen sich die Wirkungen von Polygoneffekt und Riemengeschwindigkeit bei verschieden großen Zahnscheiben teilweise wieder aus. Bei Verwendung von Zahnscheiben mit kleiner Zähnezahl ist mit einem vergrößerten Einfluss des Polygoneffektes zu rechnen, jedoch reduziert sich bei vorgegebener Drehzahl die Riemengeschwindigkeit gegenüber Zahnscheiben mit großer Zähnezahl und kleinem Polygoneffekt. **Bild 10.3** belegt den relativ geringen Pegelanstieg zwischen kleinen und großen Scheibenzähnezahlen bei konstanter Drehzahl.

Vorteilhaft wirkt sich in diesem Zusammenhang auch das Verwenden von Spezialprofilen aus, welche durch ihre Kombination aus Zahn- und Keil- oder Flachriemen so gut wie keinen Polygoneffekt mehr aufweisen und somit deutlich ruhiger laufen, wie z.B. das für PU-Zahnriemen handelsübliche ATK-Profil. **Bild 10.4** zeigt Messergebnisse an einem Getriebe mit Standard-Hochleistungsprofil AT im Vergleich zu einem mit speziell entwickelten Zahn-Flachriemen. Da hierbei nicht die Drehzahl, sondern die Riemengeschwindigkeit als Parameter aufgetragen wurde, ist der verbleibende Polygoneffekt einer sehr kleinen Zahn-Flachriemenscheibe mit dem einer sehr großen normal verzahnten Zahnscheibe direkt vergleichbar. Durch die spezielle Konstruktion eines Zahn-Flachriemens lassen sich demzufolge auch mit kleinen Scheibenzähnezahlen relativ günstige Geräuschpegel erreichen.

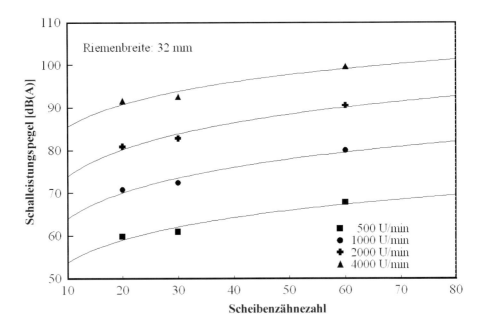

Bild 10.3 Abhängigkeit des Schalleistungspegels L_{WA} von der Zähnezahl z_p der Zahnscheiben; Zahnriemen AT10/1720; nach /B23/

Die Untersuchungen in /B21/, /B23/ und /A61/ zeigten auch, dass sowohl der Einfluss der Vorspannkraft als auch jener des Drehmomentes auf das Geräuschverhalten eines Zahnriemengetriebes untergeordnet sind. Dies kann als ein weiterer Nachweis der Bedeutungslosigkeit des Aufschlagimpulses der Riemenverzahnung auf die Zahnscheiben angesehen werden, der ja kraftabhängig sein müsste. Da aber die Vorspannkraft die Teilung des Riemens beeinflusst, können die Relativbewegungen zwischen Riemen und Scheiben auf dem Umschlingungsbogen insbesondere bei PU-Riemen aufgrund des hohen Reibwertes zu mehr oder minder intensiven Reibgeräuschen führen. Merkliche Reibgeräusche bei langsamen Bewegungen sind ein Ausdruck nicht richtig abgestimmter Verzahnungen oder falsch eingestellter Vorspannkräfte.

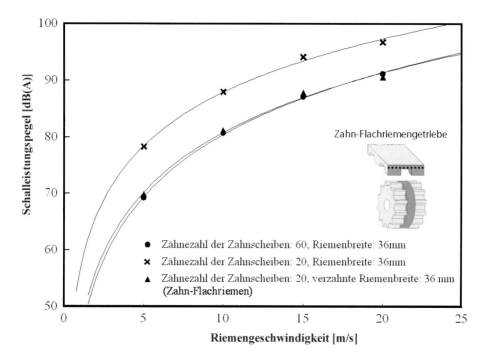

Bild 10.4 Abhängigkeit des Schalleistungspegels L_{WA} von der Riemengeschwindigkeit v_b; Zahnriemen AT10/1720 sowie Zahn-Flachriemen; nach /B23/

Unbestritten ist der Breiteneinfluss des Riemens, der mit etwa 10 dB(A)-Geräuschpegelanstieg bei Verdopplung der Riemenbreite abgeschätzt werden kann. Daher sollte ein Zahnriemen grundsätzlich mit minimaler Breite zum Einsatz kommen, Hochleistungsprofile bieten auch hierbei Vorteile. Lässt sich aufgrund der geforderten Belastung ein breiter Zahnriemen nicht vermeiden, ist es vorteilhaft, mehrere schmale anstelle eines einzelnen breiten Riemens einzusetzen. Nachgewiesene Geräuschreduzierungen zwischen 5 und 10 dB(A) bieten Grund für eine einfache praktische Prüfung dieser Maßnahme in der jeweiligen Anwendung.

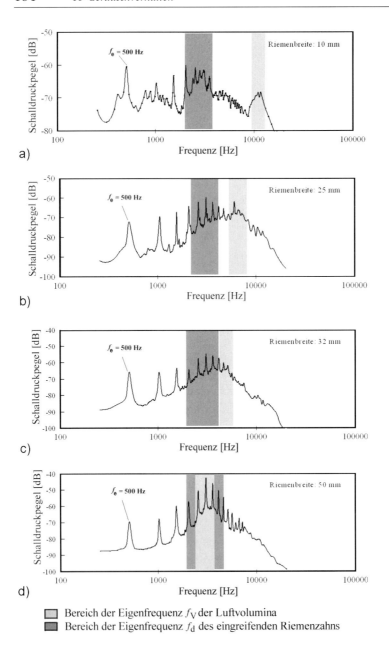

☐ Bereich der Eigenfrequenz f_V der Luftvolumina
■ Bereich der Eigenfrequenz f_d des eingreifenden Riemenzahns

Bild 10.5 Spektren des Schalldruckpegels von Zahnriemengetrieben mit verschiedenen Riemenbreiten b_s; Zahnriemen: AT10/1720; Zähnezahl der Zahnscheiben $z_p = 60$; f_e Zahneingriffsfrequenz; a) $b_s = 10$ mm; b) $b_s = 25$ mm; c) $b_s = 32$ mm; d) $b_s = 50$ mm; /B23/

Bild 10.5 zeigt typische Frequenzspektren des abgestrahlten Geräuschs eines Zahnriemengetriebes. Deutlich zu erkennen sind die Überhöhungen bei der Frequenz des Zahneingriffs bzw. deren Vielfachen. Neben dieser gelten die der Scheibendrehung sowie des Riemenumlaufs als weitere Erregerfrequenzen. Man berechnet sie mit den Gln. (10.1) bis (10.3), die Resonanzfrequenz des Trums mit Gl. (10.4):

Erregerfrequenzen:

Zahneingriffsfrequenz
$$f_e = \frac{n_1 \cdot z_{p1}}{60}, \tag{10.1}$$

Zahnscheibendrehfrequenz
$$f_{n1} = \frac{n_1}{60} \quad \text{bzw.} \quad f_{n2} = \frac{n_2}{60}, \tag{10.2}$$

Riemenumlauffrequenz
$$f_{ZR} = \frac{n_1 \cdot z_{p1}}{60 \cdot z_b}, \tag{10.3}$$

Resonanzfrequenz:

transversale Trumschwingung
$$f_T = \sqrt{\frac{F_T}{4 \cdot m \cdot l_T^2}}, \tag{10.4}$$

mit n Drehzahl in U/min; z_p Scheibenzähnezahl; z_b Riemenzähnezahl; F_T Trumkraft in N; m Masse des Trums je Meter Länge in kg/m; l_T Trumlänge in m.

Neben der Resonanzfrequenz des Trums treten die der Riemenzähne sowie die des eingeschlossenen Luftvolumens zwischen Riemen- und Scheibenzähnen auf. Dabei lassen sich die beiden Eigenfrequenzen von Riemenzähnen und Luftvolumen nur für die Trapezprofile relativ einfach bestimmen /B23/. Als kritischer Anwendungsfall ist zu werten, wenn die Eigenfrequenzen der Riemenzähne sowie des Luftvolumens mit der Zahneingriffsfrequenz oder deren Vielfachen in etwa übereinstimmen. Dann kommt es zum Resonanzfall mit entsprechenden Pegelüberhöhungen, wie dies die Bilder 10.5a) bis d) durch Variation der Riemenbreite belegen.

10.2 Hinweise zum Aufbau geräuscharmer Getriebe

Nachfolgend werden wesentliche Maßnahmen zum Aufbau geräuscharmer Zahnriemengetriebe vorgestellt, die entsprechend wirksam sind, je nach dem, wie sie sich konstruktiv in der jeweiligen Getriebeanordnung realisieren lassen. Dazu zählen beispielsweise Parameter wie Leistung und Drehzahl, die in der Regel durch die Anwendung vorgegeben und nicht variabel sind.

Um geräuscharme Zahnriemengetriebe zu gestalten, sollte man

1. die Riemengeschwindigkeit minimieren;
2. die Riemenbreite minimieren (z.B. durch Einsatz von Hochleistungsprofilen neuester Generation sowie sorgfältige Wahl der Sicherheitsfaktoren bei der Dimensionierung);
3. bei vorgegebener Drehzahl die Zähnezahl der Antriebszahnscheibe nicht zu klein wählen, jedoch die resultierende Riemengeschwindigkeit beachten;
4. den Einsatz von Spezialriemenprofilen abwägen (z.B. ATK-, SFAT- oder BATK-Profil bzw. Pfeilverzahnung);
5. bei großen notwendigen Riemenbreiten diese mit mehreren schmalen Riemen erreichen (z.B. anstelle eines 60 mm breiten Zahnriemens drei schmale zu je 20 mm Breite);
6. bei PU-Zahnriemen und Reibgeräuschen entweder den Riemen schmieren oder PU-Riemen mit Gewebebeschichtung bzw. Gummi-Riemen einsetzen.

Auf den Vorschlag der Perforation bei PU-Zahnriemen wird trotz des nachgewiesenen Nutzens verzichtet, da diese nicht handelsüblich sind. Außerdem erscheint eine durch den Anwender realisierte Perforation des Riemens aufwendig und birgt die Gefahr der Zugstrangbeschädigung. So genannte Vakuumriemen (s. Bild 12.5) besitzen Löcher oder Durchbrüche, weisen jedoch aufgrund der Zugstrangbeschädigungen eine verringerte Belastbarkeit gegenüber einem Standard-Zahnriemen auf. Es wäre bei der Anwendung in Leistungsgetrieben zu prüfen, inwieweit trotz Zugstrangbeschädigungen einige wenige und kleinere Löcher die Einbuße an Belastbarkeit mit einem Vorteil bei der Geräuschreduzierung ausgleichen.

In /A70/ wird auf das Verwenden von Gummi-Zahnriemen mit verstärktem Riemenrücken (s. Bild 8.8) aus Geräuschgründen hingewiesen. Offensichtlich dämpft das zusätzliche Elastomer auftretende Schwingungen wirkungsvoll, so dass für diese Serienanwendung im Lenksystem eines Pkw eine Sonderfertigung des Riemens gewählt wurde.

10.3 Möglichkeiten der Abschätzung zu erwartender Geräuschpegel

Für die Konzeption von Antrieben ist es sehr nützlich, dass zu erwartende Geräuschverhalten des Getriebes abschätzen zu können. Zwei Ansätze der Berechnung sind bisher bekannt, die jeweils aus umfangreichen Experimenten gewonnen wurden. Es ist darauf hinzuweisen, dass die berechneten Werte mit Hilfe dieser Gleichungen als Näherungswerte zu verstehen sind.

Nach /B21/ erfolgt die Abschätzung des Schalleistungspegels eines Zahnriemengetriebes mit Gl. (10.5) und den Korrekturwerten nach **Tabelle 10.1**. Als Nennleistung ist die maximal zulässige Leistung des betrachteten Zahnriemens einzusetzen, womit gleichzeitig die Riemenbreite in die Berechnung eingeschlossen wird. Die jeweiligen mit Index 0 versehenen Bezugsgrößen dienen lediglich der Bereinigung der Einheiten. Gl. (10.5) repräsentiert die an den untersuchten Getrieben ermittelten Pegelwerte, kann aber ebenso wie Gl. (10.6) nicht auf andere Profile angewendet werden:

$$L_{WA} = \left[65{,}2 + 0{,}0018 \cdot \frac{n}{n_0} + (21{,}52 + 0{,}0014 \cdot \frac{n}{n_0}) \cdot \log \frac{P}{P_0} + \Delta L \right] dB(A) \; , \quad (10.5)$$

mit L_{WA} A-bewerteter Schalleistungspegel in dB(A); n Drehzahl des Antriebs in U/min; n_0 Bezugsdrehzahl = 1 U/min; P Nennleistung des Riemens in kW; P_0 Bezugsleistung = 1 kW; ΔL riemenspezifischer Korrekturwert in dB(A).

Tabelle 10.1 Riemenspezifischer Korrekturwert ΔL in dB(A) /B21/

Basis-Elastomer	Profil	Teilung p_b	Korrekturwert ΔL
Polychloroprene	L	9,525 mm	+ 9
Polychloroprene	H	12,7 mm	0
Polychloroprene	HTD	8 mm	0
Polychloroprene	HTD	14 mm	0
Polychloroprene	GT	8 mm	− 5
Polychloroprene	GT	14 mm	− 9
Polychloroprene	RPP	8 mm	− 5
Polychloroprene	RPP	9,525 mm	+ 1
Polyurethan	T	10 mm	+ 6
Polyurethan	AT	10 mm	− 3

Gl. (10.6) zeigt die Berechnung des Schalleistungspegels für PU-Zahnriemen der Marke Synchroflex der Profile T und AT nach /F28/, die ebenfalls auf experimentelle Untersuchungen zurückzuführen ist:

$$L_{WA} = \left[8{,}2 \cdot \frac{p_b^{0{,}14}}{p_{b0}} \cdot z_1^{0{,}07} \cdot \frac{b_s^{0{,}16}}{b_{s0}} \cdot \frac{n^{0{,}16}}{n_0} + (1{,}9 \cdot k^{0{,}66} - 3) \right] dB(A) \;, \qquad (10.6)$$

mit L_{WA} A-bewerteter Schalleistungspegel in dB(A); z_1 Zähnezahl der Antriebsscheibe; n Drehzahl des Antriebs in U/min; n_0 Bezugsdrehzahl = 1 U/min; b_s Riemenbreite in mm; b_{s0} Bezugsriemenbreite = 1 mm; k Anzahl der Zahnscheiben.

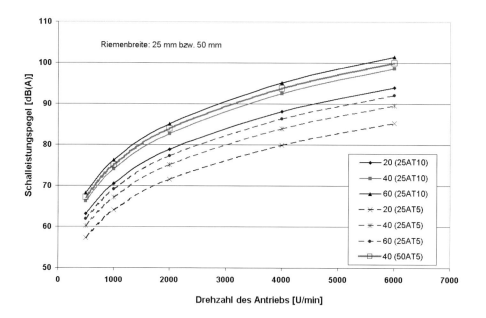

Bild 10.6 Berechnete Schalleistungspegel von Getrieben mit PU-Zahnriemen nach Gl. (10.6), /F28/ (die jeweiligen Angaben in der Legende bedeuten: z.B. 20(25AT10) – Scheibenzähnezahl 20, Riemenbreite 25 mm und Profil AT10)

Mit Gl. (10.6) berechnete Werte sind in **Bild 10.6** dargestellt. Getriebe mit einem Zahnriemen von 25 mm Breite und Zahnscheiben mit 40 Zähnen der Teilung 5 mm haben danach Vorteile gegenüber solchen mit Zahnscheiben mit 20 Zähnen und Teilung 10 mm, obwohl beide den gleichen Durchmesser und somit gleiche Riemengeschwindigkeit besitzen. Jedoch sind derartige Angaben wenig nützlich, wenn die Leistungsfähigkeit der Getriebe nicht vergleichbar ist. Mit einem 25 mm breiten

Zahnriemen der Teilung 10 mm können wesentlich größere Kräfte als bei einem solchen mit 5 mm Teilung übertragen werden. Setzt man die Leistungsfähigkeit jedoch als vergleichbare Größe an, müsste der AT5-Zahnriemen in etwa doppelt so breit wie der mit AT10-Profil ausgeführt sein. Dann besitzt das AT10-Getriebe mit Riemenbreite 25 mm und Scheibenzähnezahlen 20 gegenüber einem mit 50 mm breiten AT5-Riemen Vorteile. Dieser Breiteneinfluss ist im Bild 10.6 am Beispiel der 25 mm und 50 mm breiten AT5-Zahnriemen gut zu erkennen und entspricht den angegebenen Richtwerten von etwa 10 dB(A) Geräuschzunahme bei Breitenverdopplung. Es empfiehlt sich daher, die Leistungsfähigkeit eines Zahnriemens voll auszunutzen und bei der Wahl des Getriebesicherheitsfaktors diesen nur so groß wie unbedingt erforderlich zu wählen.

11 Wirkungsgrad

Der im Allgemeinen und nachfolgend häufig verwendete Begriff „Verluste" ist im energetischen Sinne eigentlich falsch, gemeint sind nicht nutzbare Anteile der eingespeisten Leistung durch Umwandlung in Wärme.

Zahnriemengetriebe können Bewegungen und Kräfte besonders über große Achsabstände relativ verlustarm übertragen. Dies resultiert aus dem für diese Getriebe typischen Aufbau:

- Die Kraftübertragung erfolgt formgepaart, also ohne Schlupf.
- Die notwendigen Vorspannkräfte werden gegenüber kraftgepaarten Riemengetrieben auf ein Minimum gesenkt, welches auch Vorteile bei den Lagerbelastungen bewirkt.
- Die große Anzahl gleichzeitig im Eingriff stehender Zahnpaare ermöglicht relativ geringe Einzelzahnbelastungen und somit -deformationen.
- Ein reibungsarmes Einzahnen wird durch die Profilgeometrie und die exakt abgestimmten Teilungen von Riemen und Scheiben erreicht.
- Die geringe Dicke des Riemens gewährleistet kleine innere Biegeverluste.
- Die im Riemen eingebetteten Zugstränge sichern minimale Dehnungen.
- Da die Polymerschicht zwischen Zugsträngen und Riemenlückengrund insbesondere beim Gummi-Riemen sehr klein ist, bleiben die Deformationen in diesem Bereich vernachlässigbar.

Da die Effektivität und die Energiebilanz von Antrieben immer größere Bedeutung erlangen, ist die Beurteilung des Wirkungsgrades bei der Auswahl und Auslegung ein wichtiges Qualitätskriterium. Auch die gewählte Geschwindigkeit spielt beim Energieverbrauch eine Rolle, so bedeutet z.B. bei Ventilatoren- und Pumpenantrieben eine Reduzierung der Geschwindigkeit von 7 % einen um 20 % niedrigeren Energieverbrauch /A68/. Häufig fehlen aber hierzu Aussagen oder es sind nur wenige Richtwerte bekannt. Dies resultiert u.a. auch aus der Tatsache, dass insbesondere das Messen geringer Verlustleistungen, wie sie z.B. bei Zahnriemengetrieben im Nennlastbereich auftreten, spezielle Versuchsstände sowie eine hohe Auflösung der eingesetzten Messtechnik erfordern. Ausgehend von bekannten Messverfahren werden Einflussparameter und Messwerte vorgestellt, um dann einige Empfehlungen zum Erreichen hoher Wirkungsgrade zu geben.

11.1 Messverfahren

Nach /B25/ teilt man die Verfahren zur Wirkungsgradbestimmung an Getrieben in solche zur Verlustleistungsmessung und jene zur Leistungsdifferenzmessung ein. Zu ersteren zählen Versuchsaufbauten nach dem Verspannprinzip oder mit pendelnder Getriebeaufhängung sowie derartige, die Kalorimetriemessungen gestatten. Zum zweiten Verfahren sind Aufbauten zu rechnen, die die Drehmomente von An- und Abtrieb erfassen, z.B. mit zwei Drehmomentmesswellen bzw. mit Pendelmaschinen.

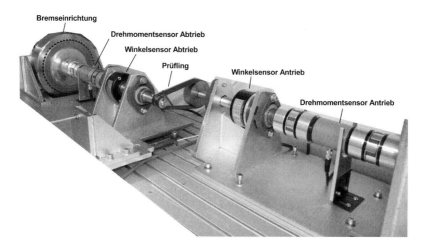

Bild 11.1 Versuchsaufbau nach dem Prinzip der Leistungsdifferenzmessung

Nach dem Prinzip der Leistungsdifferenzmessung lässt sich ein relativ einfacher Aufbau zum Bestimmen des Getriebewirkungsgrades realisieren, bei dem die Belastungen an An- und Abtriebswelle messtechnisch erfasst werden, **Bild 11.1**. Aufgrund der zu erwartenden großen Wirkungsgrade sind jedoch hochauflösende Sensoren zu verwenden. Dabei ist eine zeitgleiche Erfassung der Signale der Drehmoment- sowie der Drehzahlsensoren nötig. Häufig wird die Drehzahlbestimmung aus der Winkelmessung abgeleitet. Entsprechend Gl. (11.1) kann dann der Wirkungsgrad aus den Messwerten bestimmt werden:

$$\eta = \frac{P_{ab}}{P_{an}} = \frac{M_{dab} \cdot \varphi_{ab}}{M_{dan} \cdot \varphi_{an}} \quad , \tag{11.1}$$

mit η Wirkungsgrad, P_{an} bzw. P_{ab} Leistungen an An- bzw. Abtriebswelle in W, M_{dan} bzw. M_{dab} Drehmomente an An- bzw. Abtriebswelle in N·m, φ_{an} bzw. φ_{ab} Momentanwinkel an An- bzw. Abtriebswelle in °.

11.2 Messergebnisse

Bei experimentellen Untersuchungen zum Wirkungsgrad von Riemengetrieben ist nach Wegen zu suchen, den Einfluss der Reibungsverluste in den Lagern der Wellen und Sensoren sowie in den Kupplungen auszuschließen bzw. aus den Messwerten zu eliminieren. Spezialkonstruktionen, wie z.B. in /A64/ für Riemengetriebe entwickelt, oder gesonderte Messungen der im Leerlauf auftretenden Verluste stellen hierzu Möglichkeiten dar.

Der Temperatureinfluss ist bei kraftgepaarten Riemengetrieben bedeutsam, da sich die Reibungsverhältnisse ändern /A64/. Bei Zahnriemengetrieben hingegen konnte dieser Einfluss nicht nachgewiesen werden. Die Umfangsgeschwindigkeit ist für den Wirkungsgrad aller Riemengetriebe weniger wichtig.

Bild 11.2 zeigt experimentell ermittelte Wirkungsgrade verschiedener Riemengetriebe bei einer fiktiv gestellten Antriebsaufgabe, so dass die Getriebe zwar unterschiedlich groß ausfallen, aber als leistungsgleich angesehen und somit direkt verglichen werden können /A64/. Dies belegt die gute Energiebilanz von Zahnriemengetrieben z.B. im Vergleich zu Getrieben mit Keilrippenriemen für eine Antriebsaufgabe, so dass sich möglicherweise auch erhöhte Anschaffungskosten sehr schnell amortisieren. In /A17/ wird darauf hingewiesen, dass kraftgepaarte Riemengetriebe alle etwa 2000 h nachgespannt werden sollten, um im optimalen Bereich zu arbeiten. Dies geschieht in der Regel nicht, verstärkter Schlupf ist die Folge, so dass der Wirkungsgrad dieser Getriebe häufig unter 80 % fällt. Hinzu kommen nicht selten zu hoch gewählte Sicherheitsfaktoren beim Getriebeentwurf, die die Baugröße negativ beeinflussen, sowie aus falschem Sicherheitsdenken resultierende zu große Vorspannungen, die die Lager unnötig hoch belasten.

Die Ergebnisse nach Bild 11.2 belegen, dass der Wirkungsgrad eines Getriebes generell erst bei etwa Nennbelastung seinen Maximalwert erreicht. Literaturangaben zum Wirkungsgrad eines Getriebes beziehen sich daher in der Regel auf diesen Zustand. Der prozentuale Anteil der Verluste im Getriebe nimmt bei kleineren Belastungen zu. Zu diesen Verlusten zählen solche der inneren Walkarbeit im Riemen bei Biegung, Druck und Dehnung, der Luftverwirbelung sowie die Reibungsverluste an den Verzahnungen bei Zahnriemengetrieben. Da bei einer Verzahnung Formpaarung vorliegt, also kein Schlupf auftritt, besitzen Zahnriemengetriebe einen deutlich höheren Wirkungsgrad als kraftgepaarte Riemengetriebe. Zudem weisen Zahn- und Flachriemengetriebe eine geringe Riemendicke auf, was die Biegeverluste reduziert.

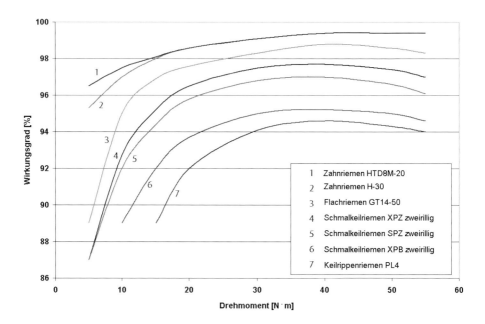

Bild 11.2 Experimentell ermittelte Wirkungsgrade verschiedener Riemengetriebe vergleichbarer Leistungsfähigkeit, nach /A64/
Übersetzung $i = 1$; Drehzahl $n = 1450$ U/min; Durchmesser der Scheiben $d = 112$ mm; Länge des Riemens $L_p = 1400$ mm; maximale Leistung $P = 5{,}5$ kW; Vorspannung nach Herstellerangaben

Die Untersuchungen zum Einfluss des Scheibendurchmessers belegen, dass dieser bei kraftgepaarten Riemengetrieben nachweisbar ist, bei Zahnriemengetrieben jedoch nicht /A64/. Eigene Untersuchungen mit dem Aufbau in Bild 11.1 konnten auch keine signifikanten Unterschiede zwischen Gerad- und Schrägverzahnung nachweisen. Die in **Bild 11.3** dargestellten Ergebnisse entstanden nach Abzug der Verluste in den Lagern von Wellen und Sensoren sowie in den Kupplungen.

Auf die Möglichkeit der Wirkungsgradreduzierung im Überlastbereich wird in /B26/ hingewiesen. Demnach kann es bei Überlastung zu Teilungsabweichungen im

Riemen und zu Eingriffsstörungen kommen, die mit erhöhten Reibungsverlusten verbunden sind.

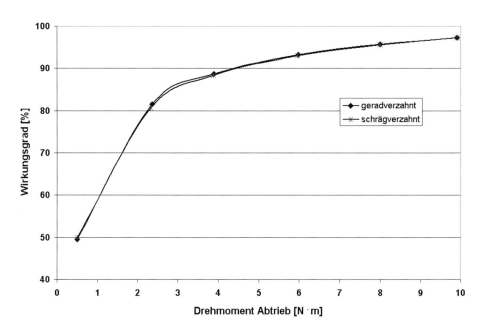

Bild 11.3 Experimentell ermittelte Wirkungsgrade von Zahnriemengetrieben mit Gerad- und 5°-Schrägverzahnung ohne Verluste in Lagern und Kupplungen
Zahnriemen 24CTD2,29/332 (Sonderprofil); Zahnscheiben $z_1 = 37$ und $z_2 = 95$; Vorspannung nach Herstellerangaben

11.3 Hinweise zum Erreichen geringer Leistungsverluste

Ein maximaler Wirkungsgrad ist nur bei Nennbelastung erreichbar. Demzufolge ist bei der Auslegung des Getriebes der Sicherheitsfaktor nur so groß wie nötig festzulegen. Außerdem besteht häufig eine Differenz zwischen berechneter Riemenbreite und lieferbarer Standardbreite. Sind hierbei die Unterschiede zu groß, ist im Sinne eines hohen Wirkungsgrades ein Wechsel des Riemenprofils oder die Nachfrage nach einer Sonderbreite zu erwägen. Ebenso empfiehlt sich die Wahl von Hochleistungsprofilen neuester Generation, da nicht nur minimale Riemenbreiten verwirklicht, sondern auch Werkstoffe mit besonders hohen Steifigkeiten verwendet werden. Dies reduziert Verluste bei Dehnung und Zahndeformation. Zahnriemen aus Polyurethan weisen im Gegensatz zu solchen aus Gummi-Elastomer einen hohen Reibwert zwischen Riemen- und Scheibenverzahnung auf, was sich nachteilig auswirkt. Dieser hohe Wert lässt sich zwar durch Schmierung deutlich senken; dies ist jedoch nicht immer möglich, und der Schmierfilm wirkt in der Regel nicht langzeitstabil. Extrem hochleistungsfähige Polyurethan-Zahnriemen der neuesten Generation (z.B. /F20/) sind daher mit einer zusätzlichen Gewebeschicht über der Verzahnung versehen, ähnlich der bei den Gummi-Zahnriemen. Diese teilweise mit einer Gleitfolie beschichtete Gewebelage gewährleistet für PU-Riemen sehr geringe Reibwerte.

Die notwendige Vorspannkraft im Zahnriemengetriebe ist durch die Belastung festgelegt. Häufig wird diese jedoch nicht messtechnisch geprüft oder aus falschen Sicherheitsüberlegungen unnötig hoch eingestellt. Abgesehen von der Beeinträchtigung der Lebensdauer treten auch hohe Lagerkräfte, Elastomerdeformationen und Reibkräfte auf, die den Wirkungsgrad des Getriebes beeinträchtigen.

12 Fertigung

Die geometrischen Abmessungen von Zahnriemen und Zahnscheiben sind exakt aufeinander abzustimmen, um durch einen reibungsarmen Zahneingriff sowie eine symmetrische Belastungsverteilung (s. Kapitel 7.2) eine maximale Lebensdauer und Leistungsfähigkeit des Getriebes zu erreichen. Nachfolgend werden die wichtigsten Technologien zur Fertigung von Zahnriemengetrieben vorgestellt.

12.1 Zahnriemen

Gummi-Zahnriemen fertigt man im Vulkanisationsverfahren, PU-Zahnriemen im Gieß- und Extrusionsverfahren. Für Endlosriemen wird generell ein Formkern entsprechend der zu produzierenden Riemenlänge benötigt, der dem Negativ des Riemens entspricht und einer großen Zahnscheibe ähnlich ist. Die verwendeten Formkerne sind dabei sehr breit ausgeführt, so dass zunächst ein Zahnriemen großer Breite entsteht, der als Wickel bezeichnet wird. Diesen Wickel teilt man dann durch Zerschneiden in die benötigten Riemenbreiten, also in eine Vielzahl gleichlanger Zahnriemen auf. Für jede Riemenlänge muss eine komplette Form gefertigt werden.

a) Vulkanisationsverfahren

Beim Vulkanisationsverfahren zieht man auf den Formkern zunächst einen Gewebeschlauch auf, der als Gewebestrumpf vorkonfektioniert wurde, **Bild 12.1**. Danach schließt sich das gespulte Aufwickeln der Zugstränge auf das Gewebe mit einer definierten Zugkraft an. Diese Kraft bestimmt die spätere Ist-Teilung des Riemens maßgeblich. Die Spulsteigung muss dabei so groß gewählt werden, dass beim nachfolgenden Vulkanisationsprozess genügend Raum zwischen den Zugsträngen bleibt, um den weichen Gummi hindurchzudrücken. Nach dem Aufbringen der Zugstränge ist eine Gummi-Matte aus noch unvernetztem Synthesekautschuk mit konstanter Dicke auf die Zugstrangschicht zu legen, Bild 12.1a. Der so präparierte Formkern wird dann in einem Autoklaven höherer Temperaturen und Drücken ausgesetzt, so dass der Kautschuk zwischen den Zugsträngen hindurch dringen kann, das Gewebe in die freien Lücken drückt und somit die Riemenzähne entstehen lässt, Bild 12.1b. Haftvermittler auf Gewebe und Zugsträngen gewährleisten eine gute Bindung mit dem Elastomer.

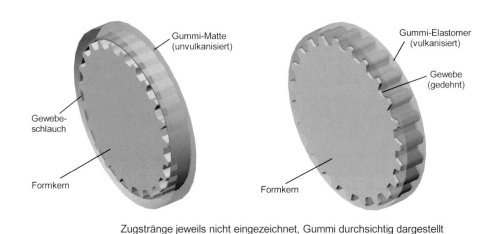

Bild 12.1 Vulkanisation eines Gummi-Zahnriemens
a) Formkern mit Gummi-Matte; b) Drücken des Gewebes in die Zahnlücken beim Vulkanisieren

b) Gießverfahren

Bild 12.2 zeigt den Fertigungsprozess von Polyurethan-Zahnriemen im Gießverfahren. Die Zugstränge werden direkt auf den Formkern gespult, wobei häufig so genannte Wickelnasen diesen auf Abstand halten und ein Verrutschen desselben ausschließen. Auch hier ist das Spulen der Zugstränge mit definierter Zugsspannung nötig, um teilungsgenaue Zahnriemen zu erhalten.

Der ohne zusätzliche Krafteinwirkung auskommende Verdrängungsguss bewirkt eine sehr hohe Qualität der gefertigten Riemen. Beim Tempern erfolgt das Vernetzen und Aushärten des Polymers. Nach dem Trennen des ausgeformten Wickels in die geforderten Riemenbreiten sind an den Seiten des Zahnriemens die durchtrennten Zugstränge zu erkennen, die bei solchen aus Stahllitze beim Heraustreten aus dem Riemenverbund auch zu Verletzungen führen können. Daher sind die Enden dieser Litze an beiden Seiten des Riemens zu kürzen.

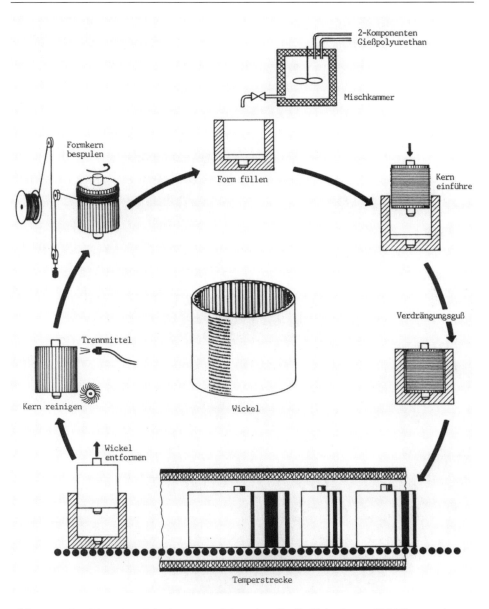

Bild 12.2 Gießverfahren eines Zahnriemens aus Polyurethan (Quelle: Mulco-Europe EWIV, Hannover)

c) Extrusionsverfahren für endliche Zahnriemen

Mit Hilfe des Extrusionsverfahrens lassen sich endliche Zahnriemen aus Polyurethan als Meterware in einem kontinuierlichen Fertigungsprozess herstellen, **Bild 12.3**. Ein großer Vorteil dieses Verfahrens besteht darin, dass man je Profil nur noch ein Formrad benötigt. Über einen Extruder wird dabei verflüssigtes Polyurethan langsam und stetig durch ein Mundstück in die Form gedrückt, die einer Zahnscheibe ähnelt und sich sehr langsam dreht. Die Zugstränge werden dabei kontinuierlich und kantenparallel zugeführt, so dass entsprechend der zu produzierenden Riemenbreite und des Zugstrangabstandes sehr viele Vorratsspulen gleichzeitig nötig sind. Jeder einzelne Zugstrang ist auch hier mit einer definierten Kraft exakt zu spannen. Das Aufbringen eines Gewebes wie beim Vulkanisieren von Gummi-Zahnriemen ist nicht vorgesehen, aber im Bedarfsfall durch Zuführen eines Gewebebandes in die Form realisierbar. Nur im Bereich des Mundstückes wird das Formrad beheizt, so dass außerhalb dieses Bereiches das Polyurethan erkalten und aushärten kann. Der langsam, aber kontinuierlich aus der Form auslaufende fertige Zahnriemen kann demzufolge in nahezu beliebiger Länge hergestellt werden.

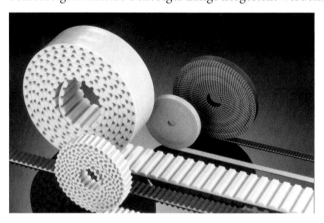

Bild 12.3 Zahnriemen aus Polyurethan als Meterware (Quelle: Breco Antriebstechnik Breher, Porta Westfalica)

d) Extrusionsverfahren für endlose Zahnriemen

Die Fertigung endloser Polyurethan-Zahnriemen mittels Extrusionsverfahren geschieht ähnlich dem vorher beschriebenen Verfahren. Jedoch sind hier zwei Formräder nötig, über die der Zugstrang gespult aufgebracht wird. Das Zuführen des verflüssigten Polyurethans erfolgt an einem der beiden Formräder über eine Düse so lange kontinuierlich, bis der erste gefertigte Zahn des Zahnriemens mit dem letzten verschmilzt. Um diese Verbindungsstelle zu harmonisieren, muss der Riemenrücken des Zahnriemens anschließend komplett überschliffen werden. **Bild 12.4** zeigt den Zustand des Riemens während der Fertigung.

Die Länge des zu fertigenden Zahnriemens hängt vom Abstand der beiden Formräder ab. Somit lässt sich auf Spezialmaschinen jede Riemenlänge gestuft von Zahn zu Zahn realisieren. Bekannt sind Maximallängen von etwa 20 m.

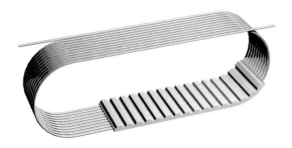

Bild 12.4 Teilweise extrudierter Zahnriemen aus Polyurethan (Quelle: Mulco-Europe EWIV, Hannover)

e) Verfahren zur Nachbearbeitung von Zahnriemen

Hierzu zählen das Überschleifen des Riemenrückens sowie der Riemenseiten, um engere Toleranzen zu realisieren. Das Beschichten des Riemenrückens mit verschiedensten Werkstoffen sowie das Aufschweißen von Nocken bleibt Zahnriemen aus Polyurethan vorbehalten und wurde im Kapitel 4.3 beschrieben.

Darüber hinaus bestehen für endliche Polyurethan-Zahnriemen zwei Möglichkeiten, diese in endlose zu überführen, das Verschweißen der Riemenenden gemäß Kapitel 4.3 oder das Verwenden des in Kapitel 4.5.5 dargestellten Zahnriemenschlosses.

Das nachträgliche Stanzen von Löchern und Durchbrüchen in den Zahnriemen reduziert zwar dessen Belastbarkeit aufgrund der dort unterbrochenen Zugstränge, schafft aber die Möglichkeit, Luft oder Vakuum durch den Riemen hindurch zu leiten. Derartige Zahnriemen werden daher häufig als Vakuumriemen bezeichnet und sind für die Transporttechnik bedeutsam, **Bild 12.5**.

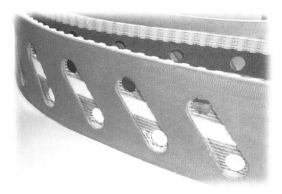

Bild 12.5 Vakuumriemen aus Polyurethan (Quelle: Gates Mectrol, Aachen)

12.2 Zahnscheiben

Zahnscheiben sind ähnlich wie Zahnräder zu fertigen. Sie können mit den Verfahren des Urformens gegossen oder gepresst sowie mit denen des Spanens im Teil- oder Abwälzfräsverfahren hergestellt werden. Das Gießen und das Metallpulverpressen (auch Sintern genannt) setzen meist größere Stückzahlen voraus, um den Aufwand beim Formenbau zu rechtfertigen. Bei der konstruktiven Gestaltung derartig herzustellender Zahnscheiben sind die einschlägig bekannten Regeln für diese Fertigungsverfahren zu beachten, wie Aushebeschrägen vorsehen, Werkstoffanhäufungen vermeiden usw. /B27/.

Beim Fräsen im Teilverfahren entsteht jeder Zahn einzeln mit einem der Zahnlücke entsprechend gestalteten Werkzeug aus dem vorgedrehten Rohling. Die Fräsergeometrie ist relativ einfach, das Verfahren zur Fertigung der Scheiben aber zeitaufwendiger als jenes beim Abwälzfräsen. Bei diesem drehen sich sowohl Werkstück als auch Werkzeug in genau aufeinander abgestimmten Bewegungen, so dass alle Zähne der Zahnscheibe gleichmäßig bearbeitet werden, **Bild 12.6**. Im Gegensatz zu Zahnrädern übernimmt der Zahnkopf bei Zahnscheiben aber eine funktionswichtige Aufgabe, er stützt den Zahnriemen ab. Bei der Kraftübertragung im Getriebe sind kleine Relativbewegungen zwischen den Zahnköpfen der Scheibe und dem so genannten Lückengrund des Riemens unter hoher Flächenpressung zu absolvieren, weshalb der Rundungsradius r_t am Scheibenzahnkopf keine Kante zum Kopfkreis der Scheibe aufweisen darf. Daher werden die Zahnköpfe im Fräsverfahren häufig mit überschnitten, man spricht vom Kopfüberschneidverfahren /B28/.

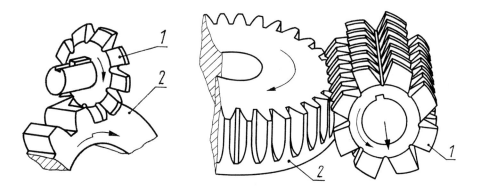

Bild 12.6 Zahnradfertigung im Teilverfahren (links) und im Abwälzfräsverfahren (rechts) /B28/
1 Werkzeug; 2 Werkstück

Das Fräsen ist ein wichtiges Fertigungsverfahren für Zahnscheiben, weshalb man in den meisten Normen auch die Maße und Toleranzen für die zugehörigen Werkzeuge findet /N3/, /N6/. Für diese sind außerdem bestimmte Zähnezahlbereiche definiert, innerhalb denen mit einem Fräser jede Scheibenzähnezahl gefertigt werden kann. Insbesondere für das Abwälzfräsen kleiner Zähnezahlen ist die Fräsergeometrie korrigiert, um stets eine nahezu konstante Lücke zu erzeugen. Für alle Zähnezahlbereiche einer Teilung sind lediglich zwei bis drei verschiedene Fräser nötig.

Bei der Scheibenfertigung ist besonders auf die Einhaltung des teilungsbestimmenden Parameters zu achten, also bei den Hochleistungsprofilen auf den Fußkreisdurchmesser, bei den Trapezprofilen nach /N3/ und /N7/ jedoch auf den Kopfkreisdurchmesser. Abweichungen vom Nennmaß, z.B. durch so genannte Profilverschiebung realisiert, bewirken eine Teilungsänderung der Zahnscheibe mit Auswirkungen auf das gesamte Betriebsverhalten des Getriebes. Da sehr viele Zahnpaare gleichzeitig im Eingriff stehen, können sehr kleine Abweichungen große Wirkungen erzielen. Dies lässt sich jedoch auch bewusst für Optimierungen ausnutzen, s. Kapitel 7.2 und 7.4.

Neben der exakten Maßhaltigkeit der Verzahnung ist auf deren hohe Oberflächengüte und das Auswuchten großer Zahnscheiben insbesondere bei Leistungsgetrieben zu achten /N8/. Darüber hinaus sind die Exzentrizitäten der Zahnscheiben zu minimieren, da diese sinusförmig verlaufende Kräfte im Getriebe erzeugen, die den wirkenden Belastungen überlagert sind. Die in den Normen angegebenen Grenzwerte (s. Kapitel 12.3) lassen sich mit heute verfügbaren modernen Maschinen im Allgemeinen unterbieten.

Die Werkstoffwahl für Zahnscheiben richtet sich hauptsächlich nach der Getriebebelastung und den Einsatzbedingungen, wie z.B. Temperatur und Feuchtigkeit. Stahl, Gusseisen und Sintermetalle kommen für hochbelastete Getriebe bevorzugt zur Anwendung. Auch hochfeste Aluminiumlegierungen sind aufgrund der guten Spanbarkeit sehr häufig im Einsatz. Kunststoffe ändern bei Temperatur- und Feuchtigkeitsschwankungen meist ihre Abmessungen relativ stark, weshalb diese Werkstoffe vorwiegend für Anwendungen in der Büro- und Gerätetechnik mit nahezu konstanten Umgebungsbedingungen zum Einsatz kommen.

12.3 Prüfung von Getrieben

Anders als bei Zahnradgetrieben spielen bei Zahnriemengetrieben Toleranzen der Zahngeometrie (s. Kapitel 3) eine eher untergeordnete Rolle. Hingegen sind zum einen Toleranzen für den teilungsbestimmenden Durchmesser an der Zahnscheibe, also den Kopf- bzw. den Fußkreisdurchmesser, sowie für den Abstand benachbarter Zähne wesentlich. Da bei den krummlinigen Hochleistungsprofilen der Fußkreisdurchmesser der Zahnscheibe schwer prüfbar ist, verwendet man wie bei den Trapezprofilen den Kopfkreisdurchmesser und toleriert das Werkzeug zum Schneiden der Zahnhöhe entsprechend eng. Die **Tabellen 12.1** und **12.2** listen die festgelegten Toleranzwerte für Zahnscheiben mit Profilen nach ISO 13050, ISO 5294 sowie DIN 7721 auf.

Tabelle 12.1 Toleranzen der Geometrie für Zahnscheiben nach /N3/, /N6/ und /N7/

Gültige Norm	Außendurchmesser d_0 [mm]	Toleranz für d_0 [mm]	Toleranz für Einzelteilung p_p [mm]	Toleranz für Summenteilung Σp_p [mm]
ISO 5294	$d_0 \leq 25{,}4$	+0,05 / 0	0,03	0,05
	$25{,}4 < d_0 \leq 50{,}8$	+0,08 / 0	0,03	0,08
ISO 5294	$50{,}8 < d_0 \leq 101{,}6$	+0,1 / 0	0,03	0,1
ISO 13050	$101{,}6 < d_0 \leq 177{,}8$	+0,13 / 0	0,03	0,13
	$177{,}8 < d_0 \leq 304{,}8$	+0,15 / 0	0,03	0,15
	$304{,}8 < d_0 \leq 508$	+0,18 / 0	0,03	0,18
	$508 < d_0 \leq 762$	+0,2 / 0	0,03	0,2
	$762 < d_0 \leq 1016$	+0,23 / 0	0,03	0,2
	$d_0 > 1016$	+0,25 / 0	0,03	0,2

Tabelle 12.1 Fortsetzung

Gültige Norm	Außendurchmesser d_0 [mm]	Toleranz für d_0 [mm]	Toleranz für Einzelteilung p_p [mm]	Toleranz für Summenteilung Σp_p [mm]
DIN 7721/2	$d_0 \leq 25$	$\begin{array}{c} 0 \\ -0,05 \end{array}$	0,03	0,05
	$25 < d_0 \leq 50$	$\begin{array}{c} 0 \\ -0,05 \end{array}$	0,03	0,08
	$50 < d_0 \leq 100$	$\begin{array}{c} 0 \\ -0,08 \end{array}$	0,03	0,1
	$100 < d_0 \leq 175$	$\begin{array}{c} 0 \\ -0,08 \end{array}$	0,03	0,13
	$175 < d_0 \leq 300$	$\begin{array}{c} 0 \\ -0,1 \end{array}$	0,03	0,15
	$300 < d_0 \leq 500$	$\begin{array}{c} 0 \\ -0,1 \end{array}$	0,03	0,15
	$d_0 > 500$	$\begin{array}{c} 0 \\ -0,15 \end{array}$	0,03	0,15

Unter Einzelteilung ist der Abstand zweier benachbarter Scheibenzähne zu verstehen. Die Summenteilung wird über 90° bestimmt.

Tabelle 12.2 Lage-Toleranzen für Zahnscheiben nach /N3/, /N6/ und /N7/

Gültige Norm	Außendurchmesser d_0 [mm]	Rundlaufabweichung [mm]	Planlaufabweichung [mm]
ISO 5294	$d_0 \leq 203,2$	0,13	
ISO 13050	$d_0 > 203,2$	0,13 + Z1*	
	$d_0 \leq 101,6$		0,1
	$101,6 < d_0 \leq 254$		0,001 mm je 1 mm Außendurchmesser
	$d_0 > 254$		0,25 mm + Z2*
DIN 7721	$d_0 \leq 200$	0,05	
	$d_0 > 200$	0,05 + Z3*	
	$d_0 \leq 100$		0,1
	$100 < d_0 \leq 250$		0,01 mm je 10 mm Außendurchmesser
	$d_0 > 250$		0,25 mm + Z3*

Z1* ist eine Zugabe in Höhe von 0,0005 mm je 1 mm des Außendurchmessers der Scheibe, der größer als 203,2 mm ist; Z2* ist eine Zugabe in Höhe von 0,0005 mm je 1 mm des Außendurchmessers der Scheibe, der größer als 254 mm ist; Z3* ist eine Zugabe in Höhe von 0,005 mm je 10 mm des Außendurchmessers der Scheibe, der größer als 200 mm ist

Zum anderen ist einer der wichtigsten Parameter am Zahnriemen seine Wirklänge. Diese Länge wird über die Mittenlage der Zugstränge, der so genannten Wirklinie gebildet. Sie ist jedoch nicht direkt messbar, da die Zugstränge im Polymer eingebettet sind und nicht exakt lokalisiert werden können. Man behilft sich mit der Achsabstands-Prüfmethode, bei der der Riemen über zwei gleich große und mit geringen Toleranzen gefertigte Prüf-Zahnscheiben gelegt wird. Da die Riemenlänge kraftabhängig ist, müssen auch für die jeweiligen Profile und Breiten konkrete Prüf-Vorspannkräfte vorgegeben werden. Die Wirklänge L_p eines Zahnriemens berechnet sich dann aus dem gemessenen Achsabstand C und bei Kenntnis des idealen Wirklinienabstandes a (Werte s. Kapitel 3.2 und 3.3) sowie des realen Scheibendurchmessers d_0:

$$L_p = \pi \cdot (d_0 + 2 \cdot a) + 2 \cdot C \quad . \tag{12.1}$$

Der Anwender kann bei Bedarf derartige Längenmessungen beim Hersteller hinterfragen. Dieser hat in der Regel auch Erfahrungen, welche Wirklinienabstände bei der Produktion realisiert werden. Ein Vermessen des Abstandes a am gefertigten Riemen durch den Anwender ist eher problematisch, da die Mitte der Zugstranglage nicht erfasst werden kann. Zudem würde selbst bei einer Messgenauigkeit von ± 10 µm für diesen Wert die Länge des Riemens bereits um ± 63 µm tolerieren. Weitere Toleranzeinflüsse, insbesondere die der Prüfkraft und des Achsabstandes kommen hinzu, so dass dieses Messverfahren den Herstellern vorbehalten bleiben sollte. Daher wird hier auf eine Auflistung von Toleranzangaben für die Riemenprüfung verzichtet und auf /N5/, /N6/ sowie /N7/ verwiesen.

Anhang 1: Lieferbare Riemenlängen

Tabelle A.1 Zähnezahlen z_b der lieferbaren Längen für Zahnriemen aus Gummi-Elastomer mit Trapezprofil nach ISO 5296 /F1/

Profil	MXL	MXL	MXL	MXL	MXL	XL	XL	XL	XL	XL
z_b	36	77	120	225	424	23	61	91	140	216
z_b	37	79	122	229	431	25	62	92	142	217
z_b	40	80	123	232	434	29	63	94	143	219
z_b	45	81	125	235	440	30	64	95	145	225
z_b	50	82	126	245	463	33	65	96	148	230
z_b	53	83	127	248	475	35	66	97	150	245
z_b	54	84	129	249	488	38	67	98	153	253
z_b	55	85	130	256	498	39	68	99	155	270
z_b	56	87	132	267	500	40	69	100	158	277
z_b	57	88	134	280	505	42	70	101	161	282
z_b	58	90	139	295	546	43	71	102	165	290
z_b	59	92	140	298	592	44	72	104	170	296
z_b	60	94	143	300	612	45	73	105	172	336
z_b	61	95	145	315	681	46	74	106	174	368
z_b	63	97	150	318		47	75	107	175	385
z_b	65	100	155	326		49	77	110	176	
z_b	67	101	158	347		50	78	114	181	
z_b	68	103	160	358		51	79	115	186	
z_b	69	105	165	360		53	80	116	190	
z_b	70	106	175	371		54	82	117	191	
z_b	71	107	184	372		55	83	120	192	
z_b	72	108	190	390		56	85	125	195	
z_b	73	109	195	400		57	87	130	196	
z_b	74	110	200	408		58	88	132	202	
z_b	75	114	210	412		59	89	135	206	
z_b	76	118	221	420		60	90	137	212	

Tabelle A.1 Fortsetzung (Trapezprofil nach ISO 5296 /F1/)

Profil	L	H	H	XH
z_b	33	48	250	58
z_b	36	51	265	64
z_b	40	54	280	72
z_b	44	60	292	80
z_b	45	62	340	88
z_b	46	66		90
z_b	50	72		95
z_b	54	74		96
z_b	56	75		112
z_b	60	78		128
z_b	63	84		144
z_b	64	88		160
z_b	65	90		176
z_b	67	96		192
z_b	68	97		200
z_b	72	102		
z_b	76	104		
z_b	80	108		
z_b	86	114		
z_b	92	120		
z_b	98	123		
z_b	104	126		
z_b	108	132		
z_b	112	140		
z_b	120	150		
z_b	123	160		
z_b	128	170		
z_b	136	177		
z_b	144	180		
z_b	160	200		
z_b	168	220		
z_b	176	226		

Tabelle A.2 Zähnezahlen z_b der lieferbaren Längen für Zahnriemen aus Polyurethan mit Trapezprofil nach DIN 7721 /F2/

Profil	T2	T2,5	T2,5	T5	T5	T5	T10	T10	T20
z_b	45	22	380	20	103	220	26	101	63
z_b	54	48	520	30	105	228	35	108	73
z_b	59	58	590	33	109	232	37	111	89
z_b	60	64		36	110	243	41	114	94
z_b	60	71		37	112	263	42	115	118
z_b	69	72		40	115	265	44	121	130
z_b	70	73		42	118	276	45	124	155
z_b	72	80		43	120	300	50	125	181
z_b	75	84		44	122		53	130	
z_b	80	88		45	123		56	132	
z_b	90	90		49	124		60	135	
z_b	100	92		50	125		61	139	
z_b	110	98		51	126		63	140	
z_b	110	100		52	130		66	142	
z_b	120	106		54	132		65	145	
z_b	128	114		56	138		68	146	
z_b	131	116		59	138		69	150	
z_b	140	122		60	140		70	156	
z_b	146	127		61	144		72	161	
z_b	160	132		66	145		73	175	
z_b	180	152		68	150		75	178	
z_b	300	158		71	153		76	180	
z_b	355	160		73	156		78	188	
z_b	355	166		78	160		80	196	
z_b		168		80	163		81	225	
z_b		183		82	168		84	310	
z_b		192		84	172		85	478	
z_b		200		91	180		88		
z_b		216		92	184		89		
z_b		240		96	185		92		
z_b		248		100	188		96		
z_b		260		101	198		97		
z_b		312		102	215		98		

Tabelle A.3 Zähnezahlen z_b der lieferbaren Längen für Zahnriemen aus Gummi-Elastomer mit Hochleistungsprofil Gruppe 1 /F1/

Profil	HTD 3M	HTD 3M	HTD 3M	HTD 3M	HTD 5M	HTD 5M	HTD 5M	HTD 8M	HTD 8M	HTD 8M	HTD 14M	HTD 20M
z_b	35	81	149	246	24	105	187	33	145	350	56	100
z_b	37	82	154	251	36	107	188	40	147		59	125
z_b	40	83	158	268	45	110	190	47	150		66	170
z_b	41	84	159	274	51	112	193	48	152		69	190
z_b	42	85	160	294	53	113	196	53	153		78	210
z_b	43	89	162	315	54	115	200	60	157		85	230
z_b	47	92	167	327	55	116	205	64	158		100	250
z_b	48	94	171	334	56	120	207	65	160		115	260
z_b	50	95	174	357	59	122	210	70	163		127	270
z_b	52	96	175	360	60	123	220	72	170		135	280
z_b	53	97	177	392	61	127	225	75	178		150	290
z_b	55	98	179	415	65	128	227	76	179		165	300
z_b	56	99	184	421	66	129	235	78	180		175	310
z_b	57	100	186	500	67	133	240	80	189		185	320
z_b	58	102	188	510	68	134	245	82	190		200	330
z_b	59	104	190	621	69	139	254	90	194		225	
z_b	60	105	191	642	70	140	270	95	198		250	
z_b	61	106	194		72	142	276	97	200		275	
z_b	62	110	197		73	144	284	100	212		286	
z_b	63	111	198		74	148	319	107	216		309	
z_b	64	112	200		75	150	338	110	220		327	
z_b	65	113	204		77	151	358	114	225			
z_b	67	114	209		80	154	374	115	237			
z_b	68	115	211		81	155	420	120	238			
z_b	70	119	215		84	160	470	121	250			
z_b	71	121	216		85	165		122	260			
z_b	72	124	223		90	167		125	275			
z_b	73	127	224		92	172		130	280			
z_b	74	128	227		95	174		133	284			
z_b	75	131	237		100	178		135	300			
z_b	78	140	240		102	180		140	313			
z_b	79	145	245		104	185		141	325			

Tabelle A.4 Zähnezahlen z_b der lieferbaren Längen für Zahnriemen aus Polyurethan mit Hochleistungsprofil Gruppe 2 /F2/

Profil	AT3	AT5	AT5	AT10	AT10	AT20
z_b	50	45	195	50	160	50
z_b	67	51	210	56	170	55
z_b	84	52	225	58	172	60
z_b	89	56	246	60	180	63
z_b	90	60	300	61	186	75
z_b	100	66	350	66	194	80
z_b	117	68	400	70		85
z_b	133	75	670	73		88
z_b	139	78	760	78		90
z_b	150	84		80		95
z_b	167	90		84		
z_b	183	91		88		
z_b	200	96		89		
z_b	213	98		92		
z_b	216	100		96		
z_b	272	105		98		
z_b	300	109		100		
z_b	337	120		101		
z_b		122		105		
z_b		124		108		
z_b		126		110		
z_b		132		115		
z_b		134		120		
z_b		138		121		
z_b		142		125		
z_b		144		128		
z_b		150		130		
z_b		156		132		
z_b		165		135		
z_b		172		136		
z_b		175		140		
z_b		180		148		
z_b		184		150		

Tabelle A.5 Zähnezahlen z_b der lieferbaren Längen für Zahnriemen aus Polyurethan mit Hochleistungsprofil Gruppe 3 /F2/

Profil	AT3-GEN III	AT5-GEN III	AT5-GEN III	AT10-GEN III	AT10-GEN III	ATP10	ATP15
z_b	50	45	184	50	150	63	66
z_b	67	51	195	56	160	66	75
z_b	84	52	210	58	170	70	79
z_b	89	56	225	60	172	78	84
z_b	90	60	246	61	180	84	93
z_b	100	66	300	66	186	89	104
z_b	117	68	350	70	194	92	
z_b	133	75	400	73		101	
z_b	139	78	670	78		108	
z_b	150	84	760	80		115	
z_b	167	90		84		128	
z_b	183	91		88		140	
z_b	200	96		89		165	
z_b	213	98		92		176	
z_b	216	100		96		180	
z_b	272	105		98			
z_b	300	109		100			
z_b	337	120		101			
z_b		122		105			
z_b		124		108			
z_b		126		110			
z_b		132		115			
z_b		134		120			
z_b		138		121			
z_b		142		125			
z_b		144		128			
z_b		150		130			
z_b		156		132			
z_b		165		135			
z_b		172		136			
z_b		175		140			
z_b		180		148			

Tabelle A.6 Zähnezahlen z_b der lieferbaren Längen für Zahnriemen aus Gummi-Elastomer mit Hochleistungsprofil Gruppe 3 /F1/

Profil	GT3-2MR	GT3-2MR	GT3-2MR	GT3-3MR	GT3-3MR	GT3-3MR
z_b	37	121	237	35	103	188
z_b	38	125	240	40	104	190
z_b	40	126	244	45	108	194
z_b	45	132	251	48	110	196
z_b	50	137	258	50	113	200
z_b	56	140	267	55	118	207
z_b	62	142	272	58	119	210
z_b	65	143	288	60	120	219
z_b	66	144	290	62	121	250
z_b	67	152	300	64	125	280
z_b	70	155	330	65	128	283
z_b	71	159	345	67	129	299
z_b	76	160	408	68	130	529
z_b	79	161	465	70	131	564
z_b	82	165	516	72	133	
z_b	84	166	582	75	136	
z_b	86	168	693	77	140	
z_b	89	171	850	78	142	
z_b	90	178	915	80	150	
z_b	92	182		81	152	
z_b	93	185		82	160	
z_b	96	190		84	161	
z_b	97	193		85	163	
z_b	101	196		89	165	
z_b	104	200		90	167	
z_b	105	203		92	170	
z_b	106	206		94	171	
z_b	108	210		95	174	
z_b	110	214		96	179	
z_b	112	215		98	180	
z_b	116	218		100	184	
z_b	120	233		101	187	

Tabelle A.6 Fortsetzung (Hochleistungsprofil Gruppe 3 /F1/)

Profil	GT3-5MR	GT3-5MR	GT2-8MGT	GT2-14MGT
z_b	40	150	48	69
z_b	45	155	60	85
z_b	50	160	70	100
z_b	53	170	75	115
z_b	55	172	80	125
z_b	56	180	90	127
z_b	57	190	100	135
z_b	60	196	105	150
z_b	65	200	110	165
z_b	66	210	115	175
z_b	68	230	120	185
z_b	70	254	130	200
z_b	72	300	133	225
z_b	75	420	135	240
z_b	80	488	140	250
z_b	82		145	275
z_b	83		150	309
z_b	85		160	327
z_b	90		180	354
z_b	92		189	380
z_b	95		198	410
z_b	98		200	440
z_b	100		220	490
z_b	102		225	
z_b	105		250	
z_b	106		300	
z_b	108		325	
z_b	110		350	
z_b	120		381	
z_b	125		410	
z_b	130		450	
z_b	133		550	
z_b	140			

Anhang 2: Hinweise zur Softwarenutzung

Die auf beiliegender CD befindliche Software dient zur Berechnung von Zahnriemengetrieben nach der in Kapitel 5 beschriebenen Methode und vereinfacht das Handling erheblich. Eine Installation ist nicht erforderlich. Diese Version läuft unter Windows 2000/XP/Vista auch direkt von CD. Gestartet wird die Software einfach durch Doppelklick auf die Datei „eATimingBelt.exe".

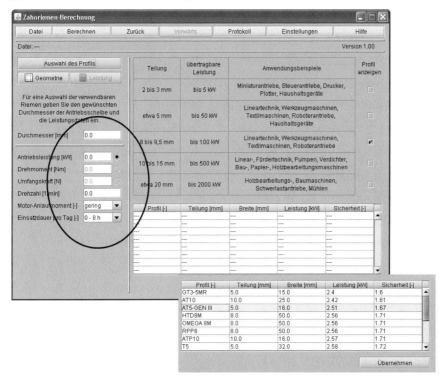

Bild A2.1 Erscheinungsbild der Software „eA - Timing Belt Calculator" unmittelbar nach Start

Nach dem Start erscheint das in Bild A2.1 gezeigte Bildschirmfenster. Zunächst müssen einige Angaben zur Antriebsaufgabe auf der linken Seite der Maske eingetragen werden, wie maximaler Durchmesser der Zahnscheibe, Leistung und Drehzahl des Antriebs. An Stelle der Leistung kann auch das Drehmoment oder die Umfangskraft eingegeben werden. Dazu muss einfach das entsprechende Eingabefeld mit dem zugehörigen Radiobutton aktiviert werden. Mittels der rechts gezeigten Kästchen kann je nach Antriebsaufgabe eine Grobauswahl getroffen werden. Danach bietet das System aus der Vielfalt möglicher Profilgeometrien mehrere Lösungsmöglichkeiten an und listet diese in der rechts unten stehenden Tabelle auf. Nach Auswahl eines der Vorschläge wird mit Betätigung des Buttons „Übernehmen" das Geometriefenster geöffnet, Bild A2.2.

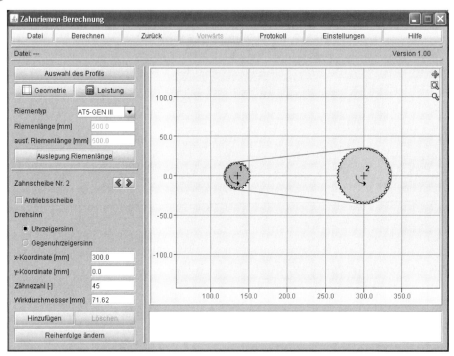

Bild A2.2 Anzeige bzw. Einstellen der Geometriedaten sowie Berechnung der Riemenlänge und Abgleich mit produzierten Längen

Es können weitere Zahnscheiben hinzugefügt werden, wobei die Positionen sowohl über die Koordinateneingabe als auch direktes Verschieben mit der Maus (Scheibe anklicken und linke Maustaste beim Verschieben gedrückt halten) erfolgen kann. Die Riemenlängen- und die Breitenberechnung erfolgt also nicht nur für Zweiwellengetriebe, sondern auch für Mehrwellengetriebe, **Bild A2-3**. Ein vorhandenes Hinweisfenster listet evtl. bestehende Konflikte auf, wie z.B. Riemen kreuzt oder Scheiben kollidieren, und informiert über Erfordernisse, wie z.B. Doppelverzahnung DL nötig. Es ist zu beachten, dass die berechneten Riemenlängen nur auf Sinnfälligkeit geprüft werden, jedoch nicht darauf, ob diese im Handel erhältlich sind. Dies erscheint aufgrund der sich ständig erweiternden Angebotspalette, der im Buch abgedruckten Liefertabellen ausgewählter Hersteller (s. Anhang 1) sowie einer wachsenden Zahl von Herstellern und Händlern sinnvoll.

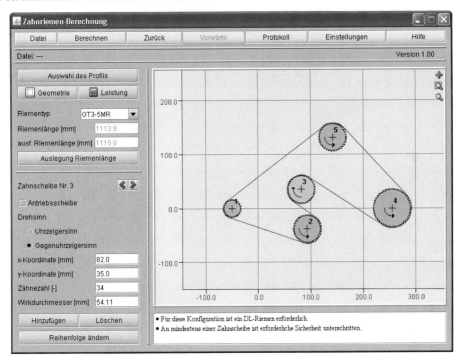

Bild A2.3 Berechnung eines Mehrwellengetriebes (das Hinweisfenster informiert hier über einen notwendigen Zahnriemen mit Doppelverzahnung (DL) sowie über das Unterschreiten der Sicherheit an einer Zahnscheibe)

Nach Drücken des Buttons „Leistung" erscheinen die Belastungsdaten des Getriebes geordnet für jede Zahnscheibe, **Bild A2.4**. Für diese Angaben gelten an der Antriebsscheibe positive, an allen anderen Scheiben negative Vorzeichen, damit die Leistungsbilanz insgesamt ausgeglichen ist. Die erforderliche Riemenbreite wird berechnet und angezeigt. Im Bedarfsfall kann auch eine größere Riemenbreite gewählt werden, da alle üblichen Standardbreiten in der Software hinterlegt sind. Ist versehentlich oder wissentlich eine kleinere Riemenbreite gewählt, so wird auf das Unterschreiten der Sicherheit hingewiesen. Die aktuellen Gesamt-Sicherheitsfaktoren sind für jede Zahnscheibe angegeben.

Die in der Rechnung berücksichtigten Sicherheitsfaktoren genügen den Anforderungen gem. Kapitel 5 und werden automatisch aus der Getriebekonfiguration berechnet und benutzt. Trotzdem sind bei Bedarf unter „Einstellungen" Vorgaben zum Mindest-Sicherheitsfaktor festlegbar.

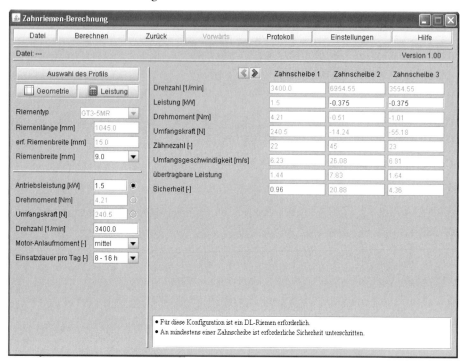

Bild A2.4 Leistungsangaben des Getriebes und Berechnung der erforderlichen Riemenbreite (erforderliche Riemenbreite hier 15 mm, gewählt wurden jedoch nur 9 mm, deshalb erfolgt ein Hinweis auf Unterschreitung der Sicherheit)

Updates und Korrekturen zu dieser Programmversion sind bei Verfügbarkeit im Internet unter folgender Adresse zu finden: http://timingbelt.eassistant.de .

Weitere Berechnungen für Maschinenelemente sowie eine Version der Zahnriemenberechnung mit erweitertem Funktionsumfang (weitere Riementypen, Berechnungsprotokoll) stehen als Berechnungsmodul im eAssistant im Internet zur Verfügung: http://www.eAssistant.de .

Zeichen, Benennungen und Einheiten

Zeichen	Benennung, Kenngröße, Begriff	Einheit
A	Querschnittsfläche bzw. Positionierunsicherheit (s. Tabelle 9.2)	mm² bzw. mm
B_i	Umkehrspanne an Position i (s. Tabelle 9.2)	mm
B_g	Lückenweite an Zahnscheiben bei Profilen nach ISO 13050	mm
C	Achsabstand	mm
C_m bzw. C_{m1}	Flankenspiel	mm
C_{m2}	Kopfspiel	mm
E	Elastizitätsmodul des Werkstoffs	N/mm²
F	Kraft, Spannkraft	N
F_{Arb}	Arbeitskraft	N
F_{Last}	Lasttrumkraft	N
F_{Leer}	Leertrumkraft	N
F_R	Reibkraft	N
F_{RL}	Reaktionskraft des Spannringelementes	N
F_{TV}	Vorspannkraft im Trum, Trumvorspannkraft	N
F_{Tzul}	zulässige Trumkraft	N
F_V	Vorspannung, auf die Welle bezogen	N
F_W	Wellenkraft	N
F_{r0}	Rundlaufabweichung	mm
F_t	zu übertragende Tangential- bzw. Umfangskraft	N
F_{tspez}	spezifische Umfangskraft je Zahn und je 10 mm Riemenbreite (nach /F2/)	N
$F_{tüb}$	überschlägliche Tangentialkraft je maximaler Eingriffszähnezahl und je Basisriemenbreite	N
$\overline{GH}$	Lückentiefe bei Zahnscheiben bei Profil Typ R nach ISO 13050	mm
H_g	Lückentiefe an Zahnscheiben bei Profil Typ S nach ISO 13050	mm
J	Massenträgheitsmoment	kg·m²
K	Abstand (s. Tabelle 3.4 c)	1/mm
L	Schlaglänge einer Litze	mm

L_p	Riemenwirklänge, Riemenlänge	mm
L_{pnot}	notwendige Riemenwirklänge	mm
L_T	Trumlänge	mm
L_{WA}	Schalleistungspegel	dB(A)
M_d	Drehmoment	N·m
M_{dNenn}	Nenndrehmoment, zulässiges Drehmoment	N·m
P	Leistung, übertragbare	kW
P_{an}	Antriebsleistung, benötigte	kW
P_i	Sollposition i (s. Tabelle 9.2)	mm
P_{ij}	Ist-Position i beim j-ten Anfahren (s. Tabelle 9.2)	mm
P_{max}	maximale Leistung, die bei z_{emax} und b_{s0} übertragen werden darf	kW
P_{notw}	Leistung, notwendige	kW
R	Wiederholpräzision der Positionierung, Wiederholgenauigkeit	mm
R_1	Radius an Zahnflanke bei Scheiben nach ISO 13050 (S-Profil)	mm
R_2	Radius im Lückengrund bei Scheiben nach ISO 13050 (S-Profil)	mm
R_D	Radius im Lückengrund bei Scheiben nach ISO 13050 (R-Profil)	mm
R_b	Radius am Zahnfuß bei Scheiben nach ISO 13050 (S-Profil)	mm
R_t	Radius am Zahnkopf bei Scheiben nach ISO 13050 (S-Profil)	mm
S	Breite am Riemenzahnfuß	mm
S_{ges}	Gesamtsicherheitsfaktor	
S_1	Sicherheitsfaktor für Art der Antriebsmaschine	
S_2	Sicherheitsfaktor für Übersetzung ins Schnelle	
S_3	Sicherheitsfaktor für Einsatzdauer	
W	Reibarbeit	N·m
X	Abstand (s. Tabelle 3.4 c) bzw. Deformation (s. Bild 7.2)	mm
X_A	Abstand (s. Tabelle 3.4 c)	mm
X_B	Abstand (s. Tabelle 3.4 c)	mm
Y_B	Abstand (s. Tabelle 3.4 c)	mm
X'_C	Abstand (s. Tabelle 3.4 c)	mm
Y'_C	Abstand (s. Tabelle 3.4 c)	mm
a	Wirkkreisabstand	mm
$a...j$	profilspezifische Faktoren (s. Kapitel 5)	
b_{Spann}	Breite der Spannrolle	mm
b_f	Scheibenbreite, minimale	mm

Zeichen, Benennungen und Einheiten

b_{notw}	notwendige Breite des Zahnriemens	mm
b_s	Breite (Riemenbreite)	mm
b_{s0}	Bezugsriemenbreite, auf die sich eine Leistungsangabe bezieht	mm
b_p	Scheibenbreite	mm
b_w	Breite am Zahnlückenfuß einer Zahnscheibe nach ISO 5294	mm
c_V	Verzahnungssteifigkeit je Zahn und je 1 mm Riemenbreite	N/mm²
c_s	Steifigkeit des Zugstranges je 1 mm Trumlänge und je 1mm Riemenbreite	N/mm
c_u	Steifigkeit des Wirklinienabstandes	N/mm
d	Wirkdurchmesser	mm
d	Dämpfungswert	N·s/m
d_0	Außendurchmesser der Zahnscheibe	mm
d_B	Bordscheibenaußendurchmesser	mm
d_{Bo}	Durchmesser der Bohrung in der Scheibe	mm
d_{Spann}	Durchmesser der Spannrolle	mm
d_f	Fußkreisdurchmesser der Zahnscheibe	mm
f_0	Grundfrequenz, Resonanzfrequenz	Hz
f_d	Frequenz des Riemenzahnes	Hz
f_e	Zahneingriffsfrequenz	Hz
f_n	Zahnscheibendrehfrequenz	Hz
f_T	transversale Trumschwingfrequenz	Hz
f_V	Frequenz des Luftvolumens	Hz
f_{ZR}	Riemenumlauffrequenz	Hz
g	Fallbeschleunigung	m/s²
h	Auslenkung des Riemens infolge Polygoneffekt (s. Bild 8.1)	mm
h_g	Scheibenlückenhöhe	mm
h_s	Riemenhöhe (insgesamt)	mm
h_t	Riemenzahnhöhe	mm
i	Übersetzung des Getriebes	
k	Anzahl der Zahnscheiben	
k_w	Breitenfaktor (s. Tabelle 5.5)	
k_z	Eingriffsfaktor (s. Tabelle 5.2)	
l	Länge, Länge der Saite	m
m	Masse, zu beschleunigende	kg
m_L	Masse des Linearschlittens	kg

m_{Spann}	Masse der Spannrolle	kg
$m_{Spann \cdot red}$	reduzierte Masse der Spannrolle	kg
m_b	Masse des Zahnriemens	kg
m_{spez}	Riemenmasse je 1 m Länge und je Bezugsriemenbreite	kg/m
m_p	Masse der Zahnscheibe	kg
$m_{p \cdot red}$	reduzierte Masse der Zahnscheibe	kg
n	Drehzahl	U/min
n_{an}, n_1	Antriebsdrehzahl	U/min
n_{ab}, n_2	Abtriebsdrehzahl	U/min
p	Kontaktdruck	N/mm²
p_b	Riementeilung	mm
p_p	Scheibenteilung	mm
r_{bb}	Radius der Profilflanke	mm
r_a	Radius am Riemenzahnkopf	mm
r_r	Radius am Riemenzahngrund	mm
r_b	Radius am Scheibenzahngrund	mm
r_t	Radius am Scheibenzahnkopf	mm
s	Gleitweg	mm
v_b	Riemengeschwindigkeit	m/s
x	Wert für die Bordscheibengestaltung (s. Tabelle 3.5)	mm
z_b	Riemenzähnezahl	
z_{bnot}	notwendige Riemenzähnezahl	
z_e	Eingriffszähnezahl; Riemenzähnezahl, die gleichzeitig im Eingriff steht	
z_{emax}	maximale Eingriffszähnezahl zur Begrenzung der Tragfähigkeit; Rechengröße	
z_{min}	Scheibenzähnezahl, minimale	
z_p	Scheibenzähnezahl, allgemein	
z_1	Zähnezahl der Antriebsscheibe	
z_2	Zähnezahl der Abtriebsscheibe	
Φ	Flankenwinkel bei Scheiben nach ISO 5296 und ISO 13050 (H-Profil)	°
ΔL	Korrekturwert für Geräuschbewertung, riemenspezifisch	dB(A)
Δh	radiales Herausdrücken beim Leertrumeinlauf, Einlaufkeil	mm
Δl	Dehnung eines Riemenstückes	mm
Δp	Änderung der Teilung; Teilungsabweichung	mm
Σp_b	Summe der Riementeilungen auf dem Umschlingungsbogen	mm

Σp_p	Summe der Scheibenteilungen auf dem Umschlingungsbogen	mm
2ϕ	Scheibenflankenwinkel bei Profilen nach ISO 5296	°
α	Drehwinkel der Scheibe	°
β	Umschlingungswinkel; Riemenzahnwinkel nach DIN 7721; halber Riemenzahnwinkel nach ISO 5266	°
γ	Scheibenflankenwinkel bei Profilen nach DIN 7721	°
ε	Bordscheibenneigungswinkel	°
η	Wirkungsgrad	
μ	Reibwert	
ρ	Dichte des Werkstoffs	kg/dm³
ρ_{Spann}	Dichte des Werkstoffs der Spannrolle	kg/dm³
ρ_p	Dichte des Werkstoffs der Zahnscheibe	kg/dm³
σ	Normalspannung	N/mm²
τ	Schubspannung	N/mm²
σ_V	Vergleichsspannung	N/mm²

Literaturverzeichnis

Aufsätze, Konferenzberichte

/A1/ Heinz, G.: Zahnriemen - ein vielseitiges Antriebselement. Antriebstechnik 23(1984)10, S.42-47.
/A2/ Wie lange halten Zahnriemen? Mot – die Auto-Zeitschrift (1977)9, S. 46-48.
/A3/ Theresa, W.: Die Hans Glas GmbH. Glas-Club-Magazin Sonderausgabe 1998. Glas Automobil Club International e.V.
/A4/ Kagotani, M.; Aida, T.; Koyama, T.; Sato, S.; Hoshiro, T.: A Study on Transmission Charakteristics of Toothed Belt Drives. 1. to 4. report. Bulletin of the JSME 1982-1984.
/A5/ Cicognani, M.: Zur Anwendung von Zahnriemen für den Antrieb von Nockenwellen und Hilfsaggregaten. Motortechnische Zeitschrift 39 (1978) 12, S.551-556.
/A6/ Tomono, K.: Direct Measurement method for the belt cord dynamic force on an automotive synchronous belt. JSAE Review 1992, S. 38-42.
/A7/ Uchida, T.; Yamaji, Y.; Hanada, N.: Analysis of the load on each tooth of a 4-cycle gasoline engine cam pulley. JSME, Series C, Vol 36, No. 4, 1993.
/A8/ Bradford, W.: High Strength HNBR - The new benchmark Elastomer for Automotive Synchronous and Serpentine Belts. SAE Technical Paper 1994, S. 1-10.
/A9/ Childs, T.; Dalgarno, K.; Day, A.; Moore, R.: Automotive timing belt life laws and user design guide. Proc. Instn Mech. Engrs Vol. 212, Part D, 1998, page 409-419.
/A10/ Kelm, P.: Dynamische Simulation von Pkw-Steuertrieben. 8. Tagung Zahnriemengetriebe, Dresden 2003.
/A11/ Leamy, M.; Wasfy, T.: Time-accurate finite element modelling of the transient, steady-state, and frequency responses of serpentine and timing belt-drives. Int. J. Vehicle Design, Vol. 39, No. 3, 2005.
/A12/ Schulte, H.: Meilensteine und Innovationen der Zahnriemenentwicklung. 10. Tagung Zahnriemengetriebe, Dresden 2005.
/A13/ Farrenkopf, M.: Evolution der Zahnriementechnologie und deren Anwendbarkeit in Industrie- und Fahrzeuganwendungen. 7. Tagung Zahnriemengetriebe, Dresden 2002.
/A14/ Radou, F.: Liftantriebe für die Airbus-Familie. 11. Tagung Zahnriemengetriebe, Dresden 2006.

/A15/ Müller, A.: Optimierung der Lückengeometrie mittels FEM. 5. Tagung Zahnriemengetriebe, Dresden 2000.
/A16/ Goedecke, W.-D.: Linearachsen im Vergleich. 9. Tagung Zahnriemengetriebe, Dresden 2004.
/A17/ Clarke, A.: Poly Chain GT2 impacts total drive costs. 10. Tagung Zahnriemengetriebe, Dresden 2005.
/A18/ Metzger, M.; Achten, D.: Therban-HNBR: The high performance elastomer in powertransmission systems. 9. Tagung Zahnriemengetriebe, Dresden 2004.
/A19/ Terschüren, W.: Erhöhung der Lebensdauer von Zahnriemen durch Verbesserung der Glascordeigenschaften. 10. Tagung Zahnriemengetriebe, Dresden 2005.
/A20/ Witt, R.: Belastungsvorgänge im Inneren von Zugsträngen aus Stahllitze. 11. Tagung Zahnriemengetriebe, Dresden 2006.
/A21/ Aherne, Jason L.: Aramid Short Fibers for Transmission Belts. 8. Tagung Zahnriemengetriebe, Dresden 2003.
/A22/ Nendel, K.: Verbesserung des Laufverhaltens von Zahnriemengetrieben mit Hilfe von Silikon-Gleitmittel. Maschinenmarkt 105(1999)15, S. 72-75.
/A23/ Weiser, W.; Knowles, R.P.: Geeignete Gummiverstärkungen, um den wachsenden Anforderungen der Industrie gerecht zu werden. Fachtagung der DKG, 1996.
/A24/ Magg, H.; Jobe, I.: HNBR als Elastomer für Antriebsriemen – Eigenschaften dynamisch hoch belastbarer Vulkanisate. Fachtagung der DKG, 1996.
/A25/ Quante, H.: Elastomerlösungen in der Entwicklung von Antriebsriemen. VDI-Berichte Nr. 1758, 2003, S. 59-71.
/A26/ Berger, R.; Abel, H.: Nockenwellen-Zahnriemengetriebe für Motorlebensdauer. VDI-Berichte Nr. 1758, 2003, S. 73-86.
/A27/ Arnold, M.; El-Mahmoud, M.A.: Zahnriementriebe mit Motorlebensdauer für heutige Motoren. VDI-Berichte Nr. 1758, 2003, S. 87-99.
/A28/ Gibson, D.P.; Lüders, M.: Optibelt Zahnriemen – Vergleich Gummi und Polyurethan. VDI-Berichte Nr. 1758, 2003, S. 139-144.
/A29/ Noceti, D.; Meldolesi, R.: The Use of VALDYN in the Design of the valvetrain and Timing Drive of the new Ferrari V8 Engine. http://www.ricardo.com/download/pdf/valdyn_design_valvetrain_timing_drive.pdf, 1999.
/A30/ Steinhoff, W.; Vaughan, M.: Optimierte Elastomerbauteile. Der Konstrukteur (1994)10, S.34-37.
/A31/ Mareis, T.: Gemeinsam stark. Krafthand (2004)21, S. 26-28.
/A32/ Clarke, A.; Schröder, R.; Farrenkopf, M.: Kostenoptimiert konstruieren. Der Konstrukteur ASB (2005), S. 96-98.
/A33/ Clarke, A.: The evolution of small pitch timing belts. 11. Tagung Zahnriemengetriebe, Dresden 2006.
/A34/ Fraulob, S.; Nagel, T.: Ungleichförmig übersetzende und hochübersetzende Zahnriemengetriebe. VDI-Berichte 1845, 2004.
/A35/ Kucharczyk, A.: Neue Generation von PU-Hochleistungszahnriemen. 8. Tagung Zahnriemengetriebe, Dresden 2003.

/A36/ Nagel, T.: Einsatz von doppeltverzahnten Spezialriemen. 2. Tagung Zahnriemengetriebe, Dresden 1997.
/A37/ Nagel, T.: Nachlese zur 8. Fachtagung Zahnriemengetriebe. Antriebstechnik 42(2003)12, S.43-47.
/A38/ Perneder, R.: Verdrehsteife Roboterantriebe dank Polyurethan-Synchronriemen. Antriebstechnik 32(1993)2, S.33-36.
/A39/ Schechinger, B.: Daten- und Energieübertragung mit Zahnriemen. 10. Tagung Zahnriemengetriebe, Dresden 2005.
/A40/ Voigt, U.: Zahnriemenrobotik - eine neue Entwicklungsrichtung bei Norditec. 11. Tagung Zahnriemengetriebe, Dresden 2006.
/A41/ Kulke, M.; Nagel, T.: Nutzung des Einlaufkeils für das Bestimmen der optimalen Vorspannkraft. 9. Tagung Zahnriemengetriebe, Dresden 2004.
/A42/ Nagel, T.; Markus, B.; Fraulob, S.: Anforderungen und Untersuchungen am Zahnriemengetriebe einer elektrischen Lenkung. 4. Tagung Pkw-Lenksysteme, Essen 2005.
/A43/ Beiersdorf, M.: Neue Untersuchungen zur Problematik Vorspannung. 10. Tagung Zahnriemengetriebe, Dresden 2005.
/A44/ Takagishi, H.; Yoneguchi, H.; Sopouch, M.; Thiele, I.: Simulation of belt system dynamics using a multi-body approach: Apllications to synchronous belts and V-ribbed-belts. 10. Tagung Zahnriemengetriebe, Dresden 2005.
/A45/ Overberg, M.: Vorspannungsmessverfahren und -techniken. 3. Tagung Zahnriemengetriebe, Dresden 1998.
/A46/ Nagel, T.; Vollbarth, J.: Richtiges Vorspannen von Synchronriemengetrieben. Antriebstechnik 38(1999)5, S. 71-73.
/A47/ Peeken, H.; Fischer, F.; Frenken, E.: Kraftübertragung in Zahnriemengetrieben. Konstruktion 41(1989)3, S.183-190.
/A48/ Gerbert, G.; Jönsson, H.; Person, U.; Stensson, G.: Load Distribution in Timing Belts. ASME publication, Journal of Mechanical Design 1977.
/A49/ Koyama, T.; Murakami, K.; Nakai, H.; Kagotani, M.; Hoshiro, T.: A study on strength of toothed belt (1st to 6th report). Bulletin of the JSME 1978 bis 1981.
/A50/ Nagel, T.: FEM-Simulationen am Zahnriemengetriebe. VDI-Berichte Nr. 1758 (2003), S. 101-113.
/A51/ Nagel, T.: Problematik Zugstrang in Simulation und Experiment. 6. Tagung Zahnriemengetriebe, Dresden 2001.
/A52/ Kagotani, M.; Ueda, H.; Koyama, T.: Transmission error in helical timing belt drives. Transaction of the ASME (2001) Vol. 123, S. 104-110.
/A53/ Kagotani, M.; Makita, K.; Ueda, H.; Koyama, T.: Transmission error in helical timing belt drives in bidirectional operation under no transmitted load. Transaction of the ASME (2004) Vol. 126, S. 881-888.
/A54/ Makita, K.; Kagotani, M.; Ueda, H.; Koyama, T.: Transmission error in synchronous belt drives with idler. Transaction of the ASME (2004) Vol. 126, S. 148-155.
/A55/ Kubo, A.; Toshiaki, A.; Sato, S.; Aida, T.; Hoshiro, T.: On the running noise of toothed belt drive. JSME, Vol 14, No. 75, 1971, S. 991-1007.
/A56/ Kagotani, M.; Aida, T.; Koyama, T.; Sato, S.; Hoshiro, T.: Some methods to reduce noise in toothed belt drives. JSME, Vol 24, No. 190, 1981, S. 723-728.

/A57/ Funk, W.: Quelle erkannt, Lärm gebannt – Ursachen von Geräuschentwicklungen und primäre Gegenmaßnahmen. Maschinenmarkt 93(1987)5, S. 48-53.

/A58/ Funk, W.: Besser zwei schmale als ein breiter – Eingriffsverhältnisse in Zahnriemengetrieben beeinflussen die Geräusche. Maschinenmarkt 93(1987)7, S. 64-68.

/A59/ Weck, M.; Jansen, U.: Experimentelle Ermittlung der Geräuschursachen bei Zahnriemengetrieben. Antriebstechnik 27(1988)6, S. 61-64.

/A60/ Böttger, A.; Nagel, T.; Vollbarth, J.: Teilung korrigiert - Lärm reduziert. Geräusche an Zahnriemengetrieben, Ursachen und primäre Gegenmaßnahmen. Konstruktion 45 (1993)9, S. 275-278.

/A61/ Schaefer, F.: New toothed belt matches various pulley-profiles. ASME Conference Paper, Maryland, 2000.

/A62/ Sante, R.; Revel, G.; Rossi, G.: Measurement techniques for the acoustic analysis of synchronous belts. Meas.Sci.Technol. 11(2000), S.1463-1472.

/A63/ Callegari, M.; Cannella, F.; Ferri, G.: Multi-body modelling of timing belt dynamics. Proc. Instn.Mech. Engrs. Vol. 217 (2003) part K, S. 63-75.

/A64/ Peeken, H.; Troeder, C.; Fischer, F.: Wirkungsgradverhalten von Riemengetrieben im Vergleich. Antriebstechnik 28(1989)1, S. 42-45.

/A65/ Distner, M.: Fundamentals of synchronous belts for vibration and noise purposes. Chalmers University of Technology Göteborg, 2000.

/A66/ Johannesson, T.: Towards life prediction of synchrnous belts. Chalmers University of Technology Göteborg, 2000.

/A67/ Vanderbeken, B.: Trends and developments in steelcord for timing belts. 12. Tagung Zahnriemengetriebe, Dresden 2007.

/A68/ Farrenkopf, M.: PolyChain® GT Carbon™ Technologie – Der Leistungssprung bei Zahnriemengetrieben. 12. Tagung Zahnriemengetriebe, Dresden 2007.

/A69/ Sumpf, J.; Nendel, K.: Übertragungsverhalten von ringgespannten Zahnriemengetrieben. 12. Tagung Zahnriemengetriebe, Dresden 2007.

/A70/ Schulte, H.: Zahnriemen für elektromechanische Lenksysteme. 12. Tagung Zahnriemengetriebe, Dresden 2007.

/A71/ Kamusella, A.: Optimierung feinwerktechnischer Systeme. 1. Tagung Feinwerktechnische Konstruktion, Dresden 2007.

/A72/ Wölfle, F.; Kaufhold, T.: Vorhersage des dynamischen Verhaltens von Nebenaggregateantrieben mit Keilrippenriemen durch numerische Simulation. 8. Tagung Zahnriemengetriebe, Dresden 2003.

/A73/ Huba, A.; Valenta, L.; Paveljewa, D.: Dynamische Modellierung im mechatronischen Entwurfsprozess. 50. Internationales Wissenschaftliches Kolloquium, Ilmenau 2005.

/A74/ Farrenkopf, M.: Zahnradgetrieben Konkurrenz gemacht – Leistungssprung bei Synchronriemen durch Karbonfaser-Zugstrang. Antriebstechnik 46(2007)6, S. 56-59.

Bücher, Dissertationen, Konferenzbände

/B1/ Umschlingungsgetriebe. VDI-Bericht 1758. VDI-Verlag Düsseldorf, 2003.

/B2/ Arnold, M.: Einfluß unterschiedlicher Riemenspannerkonzepte auf dynamische Belastungen und Schwingungen von Zahnriementrieben an 4-Takt-Ottomotoren. Becker-Kuns Verlag Aachen, 1992.

/B3/ Müller, F.: Experimentelle Analyse und Modellbildung des dynamischen Betriebsverhaltens von Zahnriemen-Steuertrieben. Fortschrittsberichte VDI Reihe 12, Nr. 444, 2000.

/B4/ Geißinger, J.: Grundlagen zur Entwicklung reinraumtauglicher Handhabungssysteme. Dissertation Universität Stuttgart, 1989.

/B5/ Beitz, W.; Küttner, K.-H. (Hrsg.): Dubbel-Taschenbuch für den Maschinenbau. 21. Aufl. Springer-Verlag Berlin/Heidelberg, 2005.

/B6/ Roloff/Matek: Maschinenelemente. 17. Aufl. Verlag Friedr. Vieweg & Sohn Wiesbaden, 2005.

/B7/ Funk, W.: Zugmittelgetriebe. Springer-Verlag Berlin/Heidelberg 1995.

/B8/ Umschlingungsgetriebe. VDI-Bericht 1467. VDI-Verlag Düsseldorf, 1999.

/B9/ Frenken, E.: Ungleichförmig übersetzende Zahnriemengetriebe. Fortschrittsberichte VDI Reihe 1, Nr. 272, 1996.

/B10/ Vollbarth, J.: Übertragungsgenauigkeit von Zahnriemengetrieben in der Lineartechnik. Dissertation TU Dresden, 1998.

/B11/ Witt, R.: Modellierung und Simulation der Beanspruchung von Zugsträngen aus Stahllitze für Zahnriemen. Dissertation TU Dresden, 2007.

/B12/ Erxleben, S.: Untersuchungen zum Betriebsverhalten von Riemengetrieben unter Berücksichtigung des elastischen Materialverhaltens. Dissertation RWTH Aachen, 1984.

/B13/ Köster, L.: Untersuchung der Kraftverhältnisse in Zahnriemengetrieben. Dissertation Universität der Bundeswehr Hamburg, 1993.

/B14/ Heinrich, A.: Leistungsberechnung bei Zahnriemengetrieben der Feinwerktechnik. Dissertation TU Dresden, 1993.

/B15/ Tilkorn, M.: Untersuchungen an einem Zahnriemen-Linearantrieb für die Fahrbewegung von Brückenkranen. Fortschrittsberichte VDI Reihe 13, Nr. 46, 1997.

/B16/ Schaffstädter, D.: Einsatz von Synchronriemen in Linearfahrantrieben von Regalbediengeräten und Brückenkranen. Dissertation TU Braunschweig, 1999.

/B17/ Urban, P.: Lebensdauerprognose am Synchronriemen hochdynamischer Steuertriebe auf Basis von Schadensmechanismen. Cuvillier Verlag Göttingen, 2003.

/B18/ Fischer, W.: Auswirkungen von Fertigungsabweichungen von Riemengetrieben auf das dynamische Betriebsverhalten. Fortschrittsberichte VDI Reihe 1, Nr. 186, 1990.

/B19/ Born, M.: Simulation von Synchronriemengetrieben – Modellbildung, Kennwertermittlung, Anwendung. Fortschrittsberichte VDI Reihe 1, Nr. 278, 1997.

/B20/ Murmann, J.-R.: Dynamische Beanspruchungsgrößen für Zahnriemengetriebe in 4-Takt-Verbrennungsmotoren. Becker-Kuns Verlag Aachen, 1992.

/B21/	Jansen, U.: Geräuschverhalten und Geräuschminderung von Zahnriemengetrieben. Fortschrittsberichte VDI Reihe 11, Nr. 136, 1990.
/B22/	Nagel, T.: Vergleichende Untersuchungen zu Verschleißverhalten und Übertragungsgenauigkeit von Zahnriemengetrieben. Dissertation TU Dresden, 1990.
/B23/	Böttger, A.: Lärmminderung von Polyurethanzahnriemen-Getrieben. Dissertation TU Dresden, 1994.
/B24/	Krause, W.; Metzner, D.: Zahnriemengetriebe. Verlag Technik Berlin, 1988 und Dr. Alfred Hüthig Verlag Heidelberg, 1988.
/B25/	Imdahl, M.: Hochgenaue Wirkungsgradbestimmung an Getrieben unter praxisnahen Betriebsbedingungen. Dissertation RWTH Aachen, 1998.
/B26/	Rak, J.: Wirkungsgrad von Zahnriemengetrieben. Dissertation TU Dresden, 1983.
/B27/	Krause, W.: Fertigung in der Feinwerk- und Mikrotechnik. Carl Hanser Verlag München/Wien, 1996.
/B28/	Krause, W.: Konstruktionselemente der Feinmechanik. 3. stark bearbeitete Auflage. Carl Hanser Verlag München/Wien, 2004.
/B29/	Krause, W.: Gerätekonstruktion. 3. stark bearbeitete Auflage. Carl Hanser Verlag München/Wien, 2000.
/B30/	Umschlingungsgetriebe. VDI-Bericht 1997. VDI-Verlag Düsseldorf, 2007.
/B31/	Steinbuch, R.: Finite Elemente – Ein Einstieg. Springer-Verlag Berlin/Heidelberg, 1998.
/B32/	König, N.; Wölfle, F.: Ganzheitliche Auslegung komplexer Riemen- und Kettentriebe durch Motorsimulation mit biegeelastischer Kurbelwelle. VDI-Berichte Nr. 1997, 2007.
/B33/	Solfrank, P.; Kelm, P.: Dynamiksimulation von Pkw-Nebenaggregatetrieben. VDI-Berichte Nr. 1467, 1999.

Normen, Richtlinien

/N1/	ISO 5288: Synchronriementriebe - Vokabular. 2001.
/N2/	VDI 2758: VDI-Richtlinie - Riemengetriebe. 1993.
/N3/	ISO 5294: Synchronous belt drives - Pulleys. 1996.
/N4/	ISO 5295: Synchronous belts – Calculation of power rating and drive centre distance. 1987.
/N5/	ISO 5296: Synchronous belt drives - Belts. 1991.
/N6/	ISO 13050: Curviliniear toothed synchronous belt drive systems. 1999.
/N7/	DIN 7721: Synchronriemengetriebe, metrische Teilung. 1989.
/N8/	ISO 254: Belt drives – Pulleys – Quality, finish and balance. 1998.
/N9/	ISO 9563: Riementriebe: Elektrische Leitfähigkeit von antistatischen endlosen Synchronriemen - Merkmale und Prüfverfahren. 1990.
/N10/	ASTM 2000: Standard Classification System for Rubber Products in Automotive Applications. American Society for Testing and Materials.
/N11/	DIN ISO 230-2: Prüfregeln für Werkzeugmaschinen. 2000.

/N12/ DIN 45635-01: Geräuschmessung an Maschinen; Luftschallemission, Hüllflächenverfahren. 1984.
/N13/ ISO 37: Elastomere und thermoplastische Elastomere - Bestimmung der Zugfestigkeitseigenschaften. 2005.
/N14/ DIN EN ISO 868: Bestimmung der Eindruckhärte mit einem Durometer (Shore Härte). 2003.
/N15/ DIN ISO 4649: Elastomere oder thermoplastische Elastomere - Bestimmung des Abriebwiderstandes mit einem Gerät mit rotierender Zylindertrommel. 2006.

Firmenschriften

/F1/ Konstruktionshandbuch. Fa. Gates GmbH, Aachen. 2001.
/F2/ Gesamtkatalog. Mulco Europe-EWIV. 2003.
/F3/ Conti Synchrobelt HTD Zahnriemen. Fa. Contitech Antriebssysteme GmbH, Hannover. 1999.
/F4/ Conti Synchroforce CXA III Hochleistungszahnriemen. Fa. Contitech Antriebssysteme, Hannover. 2001.
/F5/ Conti Synchroforce CXP III Hochleistungszahnriemen. Fa. Contitech Antriebssysteme GmbH, Hannover. 2001.
/F6/ Optibelt Power Transmission - Katalogsammlung. Fa. Optibelt GmbH, Höxter. 2006.
/F7/ Engineering manual – high performance pd plus belts. Fa. Goodyear, Lincoln (USA). 1999.
/F8/ Engineering manual – eagle pd synchronous belts & sprockets. Fa. Goodyear, Staffordshire (England). 2002.
/F9/ Polyurethan-Zahnriemen. Fa. Elatech S.r.l. 2000.
/F10/ Industrie-Zahnriemen, Berechnungshandbuch. Fa. Dayco Europe GmbH, Viernheim. 1998.
/F11/ Secaflex-Hochleistungszahnriemen. Fa. Norddeutsche Seekabelwerke GmbH, Nordenham. 1999.
/F12/ Bancollan Zahnriemen. Fa. Bando Chemical Industries (Europe) GmbH, Mönchengladbach. 1989.
/F13/ Norditec-Antriebstechnik. Fa. Norditec GmbH, Boizenburg. 1993.
/F14/ Products Guide. Fa. Megadyne sas, Mathi (Italien). 1995.
/F15/ Thermoplastische Polyurethane. Anwendungstechnische Information ATI 972d,e. Fa. Bayer AG. 1999.
/F16/ Desmopan. Anwendungstechnische Information ATI 4001d,e. Fa. Bayer AG. 1998.
/F17/ Glass cord for rubber drive belt reinforcement. NGF Europe. 2006.
/F18/ Ungleichförmig übersetzende Zahnriemengetriebe. Fa. Wiag Antriebstechnik GmbH.
/F19/ ATN – Zahnriemen mit integrierter Nockenverbindung. Fa. Breco Antriebstechnik Breher GmbH & Co.

/F20/	Conti Synchrochain – Zahnriemen für höchste Drehmomente. Fa. Contitech Antriebssysteme GmbH, Hannover. 2004.
/F21/	Konstruktionshandbuch Poly Chain GT2. Fa. Gates GmbH, Aachen. 2000.
/F22/	Conti VSM-3 Vorspannungsmessgerät. Fa. Contitech Antriebssysteme GmbH, Hannover. 2006.
/F23/	Linearantrieb mit Differenzenübersetzung. Fa. W.H.Müller GmbH&Co.KG, 1992.
/F24/	Katalogsammlung. Fa. Walther Flender GmbH, Düsseldorf. 2000.
/F25/	Konstruktionshandbuch Long Length. Fa. Gates GmbH, Aachen. 1998.
/F26/	Kraft-Dehnungs-Diagramme. Produktinformation für Profile HTD und STD. Fa. Contitech Antriebssysteme GmbH, Hannover. 2004.
/F27/	Vorbeugende Wartung von industriellen Antriebsriemen und Antrieben. Fa. Gates GmbH, Aachen. 1997.
/F28/	Schalleistungspegel von Synchroflex-Zahnriemen. MULCO. 1996.
/F29/	PowerGrip GT3-Konstruktionshandbuch. Fa. Gates Europe, Aachen, 2005.
/F30/	Fenner Drives Precision Drive Components. Fa. Fenner Drives, Manheim (USA). 2005.
/F31/	Kevlar – sichtbare Leistung durch überzeugende Kraft. DuPont Engineering Fibres, Le Grand-Saconnex (Schweiz). 1997.

Internet-Quellen

/W1/	www.bando.de/de/antriebsriemen_glascord.htm
/W2/	www.zahnriemengetriebe.de
/W3/	www.litens.com/website/Products/VCP/smartsprocket.html
/W4/	www.mehler-ag.de
/W5/	www.iti.de
/W6/	www.ngfeurope.com
/W7/	www.twaron.co
/W8/	www.contitech.de/pages/produkte/antriebsriemen/antrieb-industrie/download_de.html
/W9/	www.gwj.de

Sachwortverzeichnis

A
Ablaufneigung 29, 59
Abriebfestigkeit 155
Abwälzfräsverfahren 202
Achsabstand 31, 95
Alterungsbeständigkeit 50
Alterungsschutzmittel 49
Antriebstechnik 63
Ausfallerscheinungen 165
Auswuchten 203

B
Basis-Elastomer 12, 27
Bauarten von Zahnriemengetrieben 63
Belastungskollektive 155
Belastungsverteilung 127, 133, 146
– symmetrische 136
– unsymmetrische 136
Berechnungsleistung 94
Beschichtungen 71
Beständigkeiten 30
Bezugsbreite 103
Biegebelastung 28, 155
Biegewechselfestigkeit 155
Bogenverzahnung 80
Bordscheiben 29, 44

C
Carbonfasern 24
Chloroprene 30

D
Dämpfung 151
Deformationsverhalten 47
Dimensionierung 91

– , Grobauslegung 92
– , Nachrechnung 93
Doppelverzahnungen 38
Dynamik 148

E
Eigenschaften von Zahnriemen 30
Eingriffsfaktor 95
Eingriffsstörungen 123
Eingriffszähnezahl 13, 94
Einlaufkeil 125
Einlaufvorgang 34
Einsatzgebiete 96
endliche Zahnriemen 200
Energiebilanz 191
Ermüdungsbruch 159
Extrusionsverfahren 197
Exzentrizität 81
E-Zugstrang 67

F
Fertigung 197
Filamente 28, 55
Finite-Element-Methode 34, 139
Flächenpressungen 163
Flankenspiel 18, 46, 173
Formkern 197
Füllstoffe 49
Fußkreisdurchmesser 39

G
Geräuschpegel 179
Getriebearten 64
Gewebebeschichtung 118
Gewebeschicht 27, 61

Gießverfahren 197, 198
Gleitreibwerte 118
Gleitweg 144, 163
Gummi 30
Gummi-Elastomer 27

H
Haftreibwerte 118
Haftvermittler 28, 55, 60
Hauptspannungen 143
HNBR-Mischungen 49
Hochlaufen 121, 125
Hochleistungsprofil 18, 32
hochübersetzende Getriebe 85
Hüllflächenverfahren 179
Hüllgetriebe 11
hyperelastisch 47

K
Kontaktdruck 163
Kopfkreisdurchmesser 39
Kosten 39
kraftgepaart 11
Kreisbogenform 32

L
Längenmessung 206
Längentoleranz 175
Last-Leertrum-Verhältnis 124
Lasttrum 13
– dehnung 67
– einlauf 34
– kraft 13, 121
Leertrum 13
– einlauf 122
– kraft 13, 121
Leistungsberechnung 91
Leistungsdiagramme 97
Lineartechnik 66, 112
Litze 28

M
Maße 36

Medienbeständigkeit 49
Mehrkörpersysteme 148
Mehrwellengetriebe 27, 65, 110
Meterware 200
Mikrozahnriemen 23
Mindestdurchmesser für Spannrollen 112
Mindestzähnezahlen 28, 94
Minusteilung 68
Motorrad 22

N
Nachbearbeitung
– , Beschichtung 71
– , Löcher, Durchbrüche 201
– , Nockengestaltung 69
– , Überschleifen 201
Nachteile von Zahnriemengetrieben 14
Netzwerkmodelle 148
Nockenwellenantrieb 19, 81

O
optimale Vorspannkraft 124
Ovalrad 81
Ovalradtechnologie 22

P
parabolische Flanke 32
Pfeilverzahnung 80
Polyamidgewebe 61
Polychloroprene 17, 49
Polygoneffekt 156, 180, 181
Polyurethan 51
– , Desmopan 51
– , Polyester-PU 51
– , Polyether-PU 51
Positionierabweichung 68, 177
Positioniergenauigkeit 66
Positionsabweichung 177
Profil 12, 97
– bezeichnung 28
– geometrie 28, 32

Sachwortverzeichnis 235

R
Reibarbeit 163
Reibgeräusche 183
Reibwert 61
Resorcin-Formaldehyd-Latex 55
Riemen
– , Aufschlagkraft 180
– , Bezugsbreite 102
– , Breitenfaktor 102
– , Elastomere 47
– , Gewebe 61
– , Perforation 180
– , Standardbreite 101
– biegung 159
– breite 101
– geschwindigkeit 31, 102
– Hochleistungsprofil 19
– länge 31, 100
– masse 115
– masse, spezifische 102
– profile 36
– umlauffrequenz 185
– verbindung 68
– zähnezahl 100
Rundlaufabweichung 171, 174

S
Saitenschwinggleichung 130
Schalldruckpegel 179
Schalleistungspegel 179
Scheibenprofile 40
Scherfestigkeit 155
Schlaglänge 57
Schlichte 55
Schlupf 11
Schmierung 62
Schrägverzahnung 79
Schwingungen 152
selbstführende Zahnriemen 71, 80
Shore-A-Härte 51
Sicherheitsfaktor 94, 95
Spann
– platte, dehnungsausgleichende 77

– ring 77
– rolle 72
– rolle, Mindestdurchmesser 72
– systeme 72, 74
spezifische Riemenmasse 103
spezifische Tangentialkraft 102, 103
spezifische Zahnkraft 115
Spulsteigung 28, 197
Spulung 29
Spurzahnband 71, 80
Steifigkeit 169
Stützschiene 117
Synchroflex 18
Synchronriemengetriebe 11, 169

T
Tangentialkraft 133
Teilkreisdurchmesser 39
Teilung 12, 31, 100
Teilungsunterschied 138
Teilverfahren 202
Temperatur
– bereich 30
– beständigkeit 30
Toleranzen 36, 40, 204
Tragfähigkeit 91
Transporttechnik 68, 118
Transversalschwingung 130
Trapezprofile 18, 32
Trum 12
– bewegung 153
– kraftänderungen 75
– kräfte 122
– schwingung 131
– steifigkeit 113
– vorspannkraft 13, 126

U
Übersetzung 31, 94
Übersetzungsschwankungen 82
Überspringen 121, 123
Übertragungsgenauigkeit 172
Umgebungsbedingungen 30

Umkehrspanne 178
Umschlingungsbogen 65, 110, 133
ungleichmäßig übersetzende Getriebe 80

V
Vakuumriemen 201
Verdrängungsguss 198
Verdrillung 57
Vergleichsspannung 142
Verlustleistung 191
Vernetzer 49
Vernetzungsarten 50
Verschleiß 155
Verschleißerscheinungen 166
Verschleißmechanismen 159
von Mises-Vergleichsspannung 142
Vorspannkraft 67, 121, 129, 175
Vorspannung 121
Vorspannungszustand 13
Vorteile von Zahnriemengetrieben 14
Vulkanisationsverfahren 197

W
Weichmacher 49
Wellenkraft 123, 133
Werkstoffe 47
Wickel 197
Wickelnase 18, 198
Wiederholgenauigkeit 68, 177
Winkelgetriebe 88
Wirklänge 206
Wirklinienabstand 159
Wirkungsgrad 194

Z
Zahndeformation 169
Zahneingriff 122
Zahneingriffsfrequenz 185
Zähnezahl 31
Zahnriemen 12
– , Gummi 27
– , Polyurethan 27
Zahnriemengetriebe 11
Zahnriemenschloss 87
Zahnscheiben 12, 43
– , Eingriffszähnezahl 95
– , Mindestzähnezahl 94
– , Rundlaufabweichung 174
– , unrunde 81
– , Werkstoff 61
– drehfrequenz 185
zahnseitige Beschichtung 61
Zugfestigkeit 160
Zugmittelgetriebe 11
Zugstrang
– , S-Z-Spulung 59
– bezeichnung 57
– dehnung 169
– konstruktionen 58
– kraft 145
– lage 147
– spulung 59
– werkstoffe 53
Zugstränge 27, 28, 52
– , Aramidfasern 56
– , Belastbarkeit 63
– , E-Glas 56
– , Glasfaser 55
– , K-Glas 56
– , Kohlenstoff 53
– , Stahllitze 57
zulässige Dehnung 169
Zweiwellengetriebe 27

HANSER

Eine Fundgrube für Konstrukteure!

Krahn/Eh/Lauterbach
1000 Konstruktionsbeispiele für die Praxis
503 Seiten. 1032 Abb. Mit DVD.
ISBN 978-3-446-41191-3

Auf der Suche nach Konstruktionslösungen erarbeiten sich Konstrukteure, Planer, Fertigungstechniker und Meister immer wieder neue Ideen. Hier wird manches „erfunden", was es längst gibt. Dies bedeutet einen großen Verlust an Zeit und Geld. Deshalb ist es gut, auf bewährte Lösungen zurückgreifen zu können.

In dem vorliegenden Werk wurden aus tausenden von Original-Konstruktionszeichnungen interessante Konstruktionslösungen herausgesucht und einheitlich aufbereitet. Alle Beispiele liegen als 2D-CAD-Daten im dwg- und dxf-Format bzw. als 3D-CAD-Daten im Solidworks-Format auf DVD bei.

Mehr Informationen zu diesem Buch und zu unserem Programm unter **www.hanser.de**

HANSER

So läuft es rund!

Klement
Fahrzeuggetriebe
219 Seiten. 232 Abb.
ISBN 978-3-446-41175-3

Dieses Buch vermittelt einen vollständigen Überblick über alle derzeit in Kraftfahrzeugen angewendeten Getriebekonzepte. Durch den logischen Aufbau sind die einzelnen Kapitel in sich abgeschlossen, sodass sich dieses Buch als vorlesungsbegleitendes Werk zum Studium und auch als Nachschlagewerk eignet.

Studierenden und interessierten Ingenieuren wird ein Überblick über Getriebetechnologien vermittelt. Besonderer Wert wurde auf eine verständliche und anschauliche Darstellung gelegt. Abgerundet wird das Buch durch erprobte Übungsaufgaben, die zum besseren Verstehen der vorgestellten technischen Zusammenhänge beitragen.

Mehr Informationen zu diesem Buch und zu unserem
Programm unter **www.hanser.de**

HANSER

Feinmechanik in allen Facetten.

Krause
Konstruktionselemente der Feinmechanik
768 Seiten.
ISBN 978-3-446-22336-3

Dieses tausendfach bewährte Grundlagenwerk behandelt das gesamte Spektrum der Feinmechanik von der Miniaturmechanik bis zu den Elementen der Präzisions-Großmechanik. Es präsentiert auch neuartige Konstruktionselemente, die durch die Anwendung der Mikroelektronik in der Feinmechanik entstanden sind.

In der 3. Auflage wurden wegen der raschen Entwicklung die Kapitel zum Rechnereinsatz sowie zur Mikromechanik neu bearbeitet und mit dem Übergang auf die europäischen EN-Normen das Gebiet der Konstruktionswerkstoffe aktualisiert.

Mehr Informationen zu diesem Buch und zu unserem Programm unter **www.hanser.de/technik**

HANSER

Das Nachschlagewerk für Studium und Beruf!

Rieg/Kaczmarek
Taschenbuch der Maschinenelemente
704 Seiten. 511 Abb. 112 Tab.
ISBN 978-3-446-40167-9

Dieses Taschenbuch beschreibt die wichtigsten Maschinenelemente in knapper, verständlicher Form. Dabei werden neben den Grundlagen zur Konstruktion, Normung, Gestaltung, Bauteilfestigkeit, Verzahnung, Tribologie, Maschinenakustik und zum Maschinenzeichnen alle Gruppen der Maschinenelemente behandelt.

Die aufgeführten Formeln, zahlreichen informativen Abbildungen und übersichtlich gestalteten Tabellen geben dem Leser einen ersten Überblick und helfen bei der Vorauswahl eines Maschinenelements.

Mehr Informationen zu diesem Buch und zu unserem Programm unter **www.hanser.de**